女人就是要活得漂亮

何红雨 著

WELL DONE

天津出版传媒集团 百花文艺出版社
天津出版传媒集团 天津人民出版社

图书在版编目（CIP）数据

女人就是要活得漂亮 / 何红雨著. -- 天津 : 百花文艺出版社 : 天津人民出版社, 2018.12
ISBN 978-7-5306-7643-1

Ⅰ. ①女… Ⅱ. ①何… Ⅲ. ①女性-修养-通俗读物 Ⅳ. ①B825.5-49

中国版本图书馆 CIP 数据核字（2018）第 294478 号

女人就是要活得漂亮
NÜREN JIUSHI YAO HUODE PIAOLIANG
何红雨 著

装帧设计：异一设计
选题策划：卓文天语 **责任编辑：**齐红霞
出版发行：百花文艺出版社
地址：天津市和平区西康路 35 号 **邮编：**300051
电话传真：+86-22-23332651（发行部）
+86-22-23332656（总编室）
+86-22-23332478（邮购部）
主页：http://www.baihuawenyi.com
印刷：嘉业印刷（天津）有限公司
开本：880 × 1230 毫米 1/32
字数：133 千字
印张：7
版次：2018 年 12 月第 1 版
印次：2018 年 12 月第 1 次印刷
定价：39. 80 元

如有印装质量问题，请与嘉业印刷（天津）有限公司联系调换
地址：天津市静海经济开发区北区银海道48号
电话：022-59656080 邮编：301600

自序

在我一路走过的人生中，遇见过不少很优秀的女人。她们或许出身贫寒，相貌平平；她们或许遭遇不幸，陷入窘境……但是她们往往能够很快就从泥沼中挣脱而出，一路披荆斩棘，坚定不移地走向了人生更为广阔也更为美好的新天地。

在和她们交往、聊天的时候，我也耳濡目染，获得了几许坚强不息、持之以恒，更加义无反顾，更加自信骄傲的品性……

我很庆幸在自己的生命中能够与这样优秀的她们相遇。

如果一个人的人生还不够成功，如果一个人还会令自己陷入难以挣脱而出的糟糕境地，并且还在迷惘惆怅，那么，不妨坐下来，静静地看看她们的故事。

或许她们很普通，或许她们并未做出多么惊天动地的大事情，但是在我看来，她们却是值得欣赏称赞的。正是由于她们没有显赫的家世和宏大的背景，完全凭借自己坚持不懈的努力和顽强拼搏，最终逆流而上，创造出了属于自己的那一片蓝天白云，才更令人欣赏和赞叹。

在这个世界上，在我们日常的生活中，常常会有令我们感动的人和事发生。

如果你肯用心，如果你善于发现，一定也会看到一些满是正能量的、令人感动的真实故事！

这个世界，也许正因为有了不少的坎坷和磨难，才会使我们每个人都更加珍惜这来之不易的幸福美好生活。

假如你并未经历过如这本书中这些女人们那样坎坷艰辛的遭遇，那么，也请你安静地坐下来，认真地看看她们的故事。

或许，你会在本书的某个故事里，找到自己在某一时刻的熟悉身影。

总之，在这个喧嚣熙攘的红尘中，总有些女人是值得称赞的。

我们会为她们点赞，我们也会为她们喝彩。她们会在某些时刻，忽然点亮了我们的人生，也振奋了我们的精神。

来吧，坐下来，仔细地看看她们的故事。

愿这个世界上的所有女人都变得坚强自信、高贵优雅，都可以迈着坚定的脚步，内心充满自豪，从容不迫地走向自己的美好新天地。

也愿这个世界上的所有女人都能够相信自己，努力成为那个超级优秀、独一无二的自己。

永远都不要给自己的人生设限，如此，你才能够让自己走得更好更远。

女人，就是要活得漂亮！

目 录

第一辑 / 姑娘，你很棒

向前走，让脚步坚定不移地迈向前方，相信在那里，还有一个更好更棒的自己，在微笑畅想，也在幸福渴望。

第二辑 / 遇见美好的自己

我情愿把她的故事分享给所有人，也愿你们能拥有更好的自己。

第三辑 / 把生命的每一天都过得精彩有诗意

我们所能够努力也用心做好的事情就是，好好地生活，把属于自己生命的每一天，都过得精彩有诗意……

第四辑 / 做一个光彩照人的女子

她就像是匍匐于地面上的青苔，虽然出身卑微，但并不会放弃对美好未来的追逐，一再地生长，强韧执着到令人不住慨叹。

第一辑／姑娘，你很棒

向前走，让脚步坚定不移地迈向前方，相信在那里，还有一个更好更棒的自己，在微笑畅想，也在幸福渴望。

另一个自己

20 世纪 80 年代我所就读的那个小镇中学，给我留下了极其美好的记忆。

在那里，我无忧无虑地成长，也把自己幻想成天空中的一朵云，飘呀飘呀，一直飘到了想要去的地方。

更多时候，我是把自己幻想成一茎野草的。那是什么草？噢，我想，那应该就是许多人都非常喜欢的狗尾巴草吧。我之所以要把自己幻想成一茎狗尾巴草，那是因为，我对狗尾巴草有着不少的情感。在我的童年时光——那些美好、难忘又涂抹着浅淡忧伤的时光中，就有着一种令我格外迷醉的野草，那就是狗尾巴草。

别看狗尾巴草是种再普通不过的野草，但是于我而言，它却是特别的，更是美丽的。

想想看，在北方一年四季中最美丽的清秋时节，一茎茎狗尾巴草就那样自由自在地摇曳在缓缓吹拂的清风之中……那是多么美妙动人的场景！

那时候，想必你也会为自己脚下的几茎狗尾巴草而驻足吧。在你的心中，藏满了欢欣和快慰。

那些狗尾巴草，摇晃着自己毛茸茸的小脑袋，似乎在对你说：“嗨，像我一样自信又自由吧，生命总会很美好啊！”

童年的时光中，我曾经历过这样的事情：一天放学回家，我一个人坐在院落里发呆，哥哥悄悄走了过来，问：“怎么了，谁又惹了你？”

“没怎么，只是希望自己也能够有一个漂亮的花卡子，最好是蝴蝶形状的。”

哥哥听完我的话，突然牵起我的手跑出了家门……这让我多少有些莫名其妙。

在一片空旷的田野里，我们停下了脚步。

我还在纳闷的时候，哥哥已经蹲下身子，采摘那些正长得好看的狗尾巴草。

一棵、两棵、三棵……不一会儿，哥哥的手中就已经有了许多的狗尾巴草，这时候，他微笑着把这些接近翠绿色的狗尾巴草编成了不同形状的小饰品：发卡、耳环、戒指、手链、项链等。当这些造型各异的狗尾巴草饰物被哥哥仔细地戴到我身体的不同部位时，我激动地哭了。那天，我和哥哥一直在那片绿色的原野上疯到了夜色降临。

很多年之后的今天，当我看到办公桌上的这一小棵被同事无意间插在书里的狗尾巴草时，心里忽然打了个战，我知道，是那些难忘又美好的记忆正一点点地在我的脑海里浮现。

有一种叫作眼泪的东西在眼眶中打起了转转。我知道自己其实一直都在被某些东西感动着。

那些生命里或遥远或接近的美好啊，都是我今生愿意用心来感受和铭记的！

黄昏的田野里，奔跑着两个孩童，他们虽然衣衫破旧但是笑得甜蜜。悠悠的野风轻柔地吹过，仿若母亲的手正从他们的身上轻抚而过。天空已经缀满了亮晶晶的繁星，可这两个贫穷的孩子依然徜徉在绿野之中，不知名的鸟儿自由地飞过他们的头顶……

那时候，家里很穷，基本上没有零花钱，而从小就喜欢美丽东西的我，却总是在心里幻想着一些美丽的物品：女孩子发间戴的花卡子，手上、脚上的花链子……所有那些女孩子们都喜欢的小饰品，也同样都是我喜欢和奢望的。然而，因为经济的拮据、母亲身体的虚弱，所有的这些，我都不曾拥有。

而我之所以会在某天突然回忆起这段美好的童年记忆，完全是因为有一天，一小棵狗尾巴草被同事随意地插在了我的案头。看着它，忽然觉得特别亲切，于是，记忆也被它一点一点地牵回到多年以前。

我想，自己常常会在某些时候想要成为一茎狗尾巴草的这种渴望，也完全可以被任何一个人理解。

当然，我那时候还想成为一枚叶子。最好是一枚枫树的叶子，或者是一枚银杏的叶子。

我喜欢枫树，喜欢枫叶在初春时节的青嫩绿色。而后，在进入夏季的时候，它们会变得格外葱绿，长得硕大且肥厚，似乎有无限澎湃的激情充盈在体内。而到了秋天时，它们则会渐渐转黄，色泽变得明快而斑斓。秋风吹起，那一枚枚挂在枝丫间的枫叶总会是秋季里最为生动养眼的风景，不仅我会喜欢，大约每一个不经意间看到的人，都会格外喜欢吧。

而银杏叶被我喜欢，则更多的是因了它的外形，像是扇子，精致且典雅。那一把把精巧无比的小扇子正是我这些年无比迷恋的风物之一呢。我对扇子的超级迷恋，得从儿时说起。那时候，父亲远离家乡在百里之外的小城教书，而当时的交通并不便利，更没有十分发达的通信网络。所以我们一年最多只能见到两次而已。

有一年的暑期，父亲从那个遥远小城返回的时候，给我买了一把精巧别致的小扇子。那是一把能够折叠的小扇子，用竹子和纸张制作而成。我最喜欢的是那把扇子在打开的时候，总会呈现一种分外惊艳的效果。是的，那可真是惊艳啊！那是一幅绝美的古典美女图。当然，我第一次打开那把扇子时，并不知道上面所画的古典美女是谁，我只是无比开心地看着那把扇子上面画着的那个美女，兀自欣赏、悄然迷醉罢了。这时候，父亲开口说："那是林黛玉！"

噢，她是林黛玉。然而，林黛玉又是谁呢？我依然懵懵懂懂。带着许多的疑问，我扇动了手中的那把扇子。

于是，一阵清凉的微风徐徐吹来，幸福了我的童年时光。

父亲笑吟吟地对我讲起了《红楼梦》，并且告诉我，这把扇子上面所画的古典美女正是中国古典名著《红楼梦》中的女主角，是有着倾国倾城的容貌，更有着旷世的才情，言谈举止颇为不俗，身体面庞虽怯弱不胜，却自有一段风流之态的潇湘妃子林黛玉。

从此，我牢记了《红楼梦》，也牢记了林黛玉。我想，我该永远地铭记那段记忆，也该永远地感激父亲。正是那段记忆，也正是我最亲爱的父亲，开启了我童年的文学之梦。从此，我的梦想之舟，便一直坚定执着地逆流而上，直到有一天，抵达我梦想的彼岸。

我对银杏叶的痴迷和喜欢，正是源于此。

大学之前的那段时光中，除了这些美好之外，还有一个其貌不扬的女同学，给我的人生留下了无法磨灭的记忆。

她，就是阿团。我忘记了她的真实姓名，因为时光不停流逝，不知不觉近三十年的时光过去了。而我能够记得的，唯有“阿团”这两个字了。

阿团是她的绰号，是当时全班同学一起“投票”通过的。想起她这个绰号的来历，我总会不禁莞尔。

那是因为她长得格外圆润而结实，肤色黝黑。班里有个男生说她长得像一个“团子”，而那个男生口中所谓的“团子”，即是当时大家所说的“丸子”。丸子会是什么样子的呢？当然是一团的肉，色泽浓郁，圆圆乎乎，可以随意滚动，既可爱又憨厚，透着一股子朴素执着劲儿……

阿团竟然欣然接受了同学们给她起的这个绰号，要知道，那个绰号里面的含义可是褒贬皆有啊。

我不得不佩服阿团了。她每天仍旧一脸阳光般笑呵呵的，依旧像个丸子一样被大家“揉来揉去”。阿团虽然出身贫苦，却有着一颗争强好胜、不甘落后的心。

是的，她很要强，也很顽强。她并不想在学习上落后于班上任何一个同学，然而，她天生愚钝。愚钝又怎样，只要肯努力，肯坚持，总会有进步的时候。

是的，阿团那时候埋头努力，执着而又疯狂。

虽然每天晚上学生宿舍的灯会准时熄灭，但燃烧在阿团心中的那团梦想的烈火却仍旧在熊熊地燃烧着。她会在宿舍熄灯的时候，夹着几本书走出宿舍。

她来到校园的某个角落，或许是花园墙角处的一盏路灯下，又或许是学生食堂门口昏黄暗淡的灯光下。她在那里读书，非常认真，非常静寂，像是一尊雕塑，长久地保持着一种姿势。

我忘记了究竟有多少个夜晚阿团都是这样度过的。刚开始同学们还会打趣她，然而时间久了之后，也就不再有人提及她的夜读。雕塑就是那样，总会有着一种魅力，令人折服也令人铭记。

功夫不负有心人。三年后，阿团考入了名校——西安交通大学。在北方，特别是在北方的一个偏僻小镇，这是一种令人欢欣鼓舞，更令人艳羡不已的荣誉。

在那个北方小镇的中学，唯有阿团获得了这一荣誉，从而跨入了西安交通大学的门槛。

从此，阿团成为那个北方小镇师生们的骄傲。

前几年，阿团应邀回到了故乡的那个小镇中学，那个时候的阿团，已经是一个企业的CEO了。学校为她举办了一场讲座，只为她。

阿团在讲坛上讲着自己的故事，从这个学校的一点一滴说起，也从自己一路成长、一路奋进、一路跋涉说起。

她的真实故事打动了在场的所有师生，大家不时地热烈鼓掌。

讲座结束之际，师生们簇拥着她，要与她合影，更有许许多多的学生要她的签名。

不断流逝的时光中，是谁在什么时候染白了我们的乌发？又是谁，将我们的容颜变得沧桑？

这一生，我们谁都逃不过生命走向衰老的过程，但是总有一种东西会永远存在。那是什么？那是一个人的魅力，那是一个人持久散发出的人格魅力。

或许你并没有令人艳羡的姣好面容，也没有令人心跳的窈窕身材，但是，你却极有可能拥有令人赞赏的精神和毅力，又或者是令人钦佩、叹服的思维和才华。

我们每个人，其实都能够拥有令人赞赏的精神和毅力，以及令人钦佩、叹服的思维和才华……只是，这一切，都还需要我们的不断努力。

关于成功，哈代说过这样的一句话——人在意志力和斗争性方面的长处或短处，往往是导致他们成功或失败的重要原因之一。

而我想，我的中学同学阿团，即是这句话最好的诠释者。

这一生，我们有理由相信自己能够成功，直抵成功的彼岸。在那里，正有我们梦寐以求的另一个自己，不仅高贵，而且骄傲，浑身上下都洋溢着迷人的芬芳和万丈的光芒，优雅且动人。

姑娘，你很棒

在徐家庄，有一对长相漂亮的双胞胎姐妹。

我在十一岁的时候离开了徐家庄，然而在我难忘的记忆中，徐家庄的那一对长相漂亮的双胞胎却始终都未走远，她们就翩跹轻舞于我的心海之中。

掐指细算，我大约比她们大出八岁。

我常常会回忆起一些格外美好温馨的旧时光。那是属于徐家庄的旧时光，那是属于我的旧时光，那也是属于那对长相漂亮的双胞胎姐妹的旧时光。

我总会记得，有一年夏天，午睡醒来之后的我，百无聊赖地坐在小庭院的树荫下发呆。那时候，是那么希望时光能够走得快些，再快些，最好赶紧让我长大，长大到可以背着行囊浪迹天涯，也长大到可以掌控自己的人生，甚至可以做主把自己嫁掉，而那个我所要嫁的人，肯定是这个世界上最英俊帅气也最呵护我宠爱我的人……

那时候的想法真是千奇百怪。那时候的我也总是任由自己的思绪毫无边际地飘飞。还未长大的我，似乎情愿把自己包裹起来，把一切美好的幻想或者奢望全都藏进心中，不想也不肯被别人看见。

那年夏天，午睡醒来之后，百无聊赖地坐在小庭院的树荫下发呆的我，其实是有些神思恍惚的，也多少有点小小的淡淡的忧伤。

那些小小的淡淡的忧伤，似乎又难以名状。我不清楚它们的来历，也不知道究竟自己在担忧着什么，反正就是不够快乐，不够喜悦。

坐在小庭院的浓密树荫下发了很长时间的呆。树上有知了在唱歌，就在我仰头去看那知了的时候，却突然被它十分可恶又调皮地撒了几滴尿。

那是怎样的感觉呢?

生气，愤怒，但过一会儿，就又喜欢它了。

在生气又愤怒地抬头仰望它的时候，它大约是明白了我的情愫，忽而就飞走了。

我并没有证据证明那只知了对我情愫的理解，我只能百分百地确定，在我抬头去看它的那一瞬间，它就展翅飞走了。

它飞得匆匆忙忙，也飞得格外轻巧自得。

于是，我想，这是一只多么聪明睿智的知了啊！而我，也轻而易举地原谅了它所犯下的错误。

我起身走去庭院一角的那口水井边。那时候，徐家庄还没有自来水——当然，估计那时候全中国的乡村都极少有自来水。

那是一口井，一口可以压出水的井。

印象中有一天，我妈找来几个人给我们家打下一口水井。当我费尽全身力气，第一次从井中把水压出来的时候，我兴奋极了，也快乐极了。那是一种自豪和骄傲，那是一种高度膨胀的兴奋和快乐，而那种自豪和骄傲毫无边际地膨胀在我小小的身体里和思想中，似乎稍一用力就有可能会突然爆炸似的。

我洗了把脸，洗脸的着重点是那只知了撒尿的区域。

“呸！”我不由地骂出了声。

而至于我是在骂谁，估计是有着多种可能的。

可能是在骂那只匆匆忙忙飞走了的知了。

可能是在骂头顶格外炙热的如火球的太阳。

又可能是在骂当时并不够清澈透亮的井水。

总之，我真是“呸”了一声的。

而那一声之后的我，便好像不再感觉忧伤怅惘了。

再次坐到浓密树荫下的时候，徐家庄的一对长相漂亮的双胞胎姐妹走进了我家的小庭院。

“小姐姐，咱们玩一会儿吧！”

“玩什么？”

“玩捉迷藏！”

我笑了起来——就在看到美丽伶俐的她们和听到她们轻柔清脆的话语之时。

于是，那天下午的小庭院中，充满了我们的欢声笑语。

有银铃般的笑声飞过夏日午后蔚蓝的天空，更有轻快醉人的笑语飘荡在我家小小的却非常整洁的庭院中。

我是胜利者，而她们——都是失败者。因为无论她们藏在哪儿，我都能够十分轻松、毫不费力地找寻到。

但后来这对长相漂亮的双胞胎姐妹哭起来的时候，我内心变得柔软了。

“好吧，就让你们也赢一回吧！”

于是，后来她们赢了一回，我看到了她们绽开的笑容，像是花儿，极其美丽。

也是那一刻，就在她们忽然绽开笑容的那一刻，我突发奇想。

我想到了如果我是个男生，我会娶她们回家。我也想到了如果我是个可以浪迹天涯的大人，那么我也会悄悄地带走她们。我会让她们跟随着我，走遍天涯海角，看遍人间美好……

我为自己那一刻的突发奇想而感到自豪和骄傲。

然而她们，小小的可爱的她们，却并不知道。

那是一段多么美好快乐的记忆啊，既难忘，也无忧。

我十一岁离开徐家庄后，那一对长相漂亮的双胞胎姐妹似乎也渐渐地淡出了我的生活。

我离开徐家庄，来到繁华却陌生的省城，有好几年，我都是非常不适应的。

我拒绝同学们的邀请，不想去繁华喧嚣和人潮涌动的闹市区逛荡，我只想把自己一个人关在房间里，也许什么都不做，也许只是透过窗口，对着一小片蓝天发呆而已。

后来的某个时候，我想，当时我的那种状态，大约是因为想到了徐家庄和徐家庄的那一对长相漂亮的双胞胎姐妹吧？

初中很快毕业，高中生活紧张而忙碌。

有天黄昏——那是个夏日的黄昏，就在我放学回家路过一个还算热闹的街角时，却看到了两张似曾相识的面庞。

那是她们，那对长相漂亮的双胞胎姐妹！

我一激动，就三步并作两步地走了过去。

果真是她们。

虽然时光在匆匆地流逝，虽然她们已经是十几岁的大姑娘了，虽然我们已经有好几年都没有见过面了，但我还是一眼就认出了她们。

彼时的她们，正在街角售卖臭豆腐。

臭豆腐的臭味飘荡弥散，使得整个街角都充满了有点难闻的味道。

我掏钱买下了她们的臭豆腐，并且，我一边吃，一边也让她们沉浸到了过去那段美好又幸福的回忆之中。

她们终于想起我了。

她们也想起了那年夏天的那个午后，我们三人在我家的小庭院中玩捉迷藏的情景。

我忘记了回家。我说："我不着急回家的，一会儿等你们卖完了，我请你们到我家吃饭。我妈晚上常常会做稀饭、馍馍和几样炒菜。"

她们欢快欣喜地答应了。

于是，从那天起，我们又重新有了联系。

那天晚饭过后，我送她们回家。而她们的家，就在距离我家不远的地方，大约只隔了一条街。

也是在我送她们回家的途中，她们对我讲述了发生在她们生命中不幸的往事。

"那年春节前，我爸我妈开着机动三轮车去县城采购年货，却遭遇了车祸。从那天起，我们两个就彻底失去了依靠。从此，我们只能流落街头、相依为命。来到省城后，小小年纪的我们捡过破烂，也在饭馆里洗过碗碟，在街头兜售过小商品，发过广告和传单……直到前一阵子才开始张罗着卖臭豆腐。”

我听得一阵心酸，有一种叫疼痛的东西悄然滑过心头。

那一阵子我忙着复习迎接高考，也就有很长时间都没有再去街角看望她们。

将要离开省城去外省读大学之前的一个傍晚，我去了她们常常售卖臭豆腐的那个街角，却并未找见她们。

也许她们是因为这个街角食客太少而挪到了一个更加繁华熙攘的街角，也许是她们为了生存又不得不另谋其他的生财之道。我只好一边走在回家的路上，一边在心里这样忧伤惆怅地猜想。

大学毕业之后，我回到了省城。我在一家报社做了摄影记者，每天要做的事情就是走出去，用相机拍摄值得拍的景物。

然而，我真的没有想到，有一天我竟然拍到了她们。

那是在省城最为繁华的地段，在一条街的拐弯处，她们仍然在售卖臭豆腐。

只不过，那时候的她们已经有了一家装潢漂亮的小店面，店名就叫“姐妹花臭豆腐”。她们那时候已然告别了流落街头售卖臭豆腐的艰苦生涯，开始了更好的创业。

她们很忙，因为生意十分火爆。

我认出她们之后，并没有走上前去打扰，而是抓拍了几张照片，然后就回到了报社。

那几张我所抓拍的照片后来被刊登在了城市晚报上，并且配有一段十分生动的文字。

又过了几年，那对从徐家庄走出来的漂亮的双胞胎姐妹开了一个更大的店，那是一家烧菜馆，有格调，有品位，食客众多，几乎每天都有食客在烧菜馆的店前排起长队来。那家她俩一起经营的菜馆就叫“姐妹烧菜馆”。

直到后来有一天，姐妹俩选定了同一天结婚，在她们喜庆热闹的婚宴上，我才终于听到了她们激动人心的创业心声。

“其实，我们的成功是非常不容易的。这个世界上，也许不只是我们，或许每个人在创业之初都会遭遇这样那样的困惑和迷茫，困难重重又举步维艰。但是请一定相信，前方的道路会更加美好，因为唯有经历了风风雨雨，才能够见到最绚丽的彩虹……这些年，我们坚强地走着，也努力地奋斗着，忘记了藏在心中的疼痛。我们把自己塑造成了强者，也把自己的梦想做了最好的放飞，感恩人生，让我们创造出了一片属于自己的辉煌，属于我们的明天一定会更加绚丽美好。”

她们的创业心声，让在场的所有宾客都激动不已。心潮澎湃的同时，大家也唯有举起双手，发出阵阵雷鸣般的掌声。

徐家庄的姐妹花，这对长相漂亮的双胞胎姐妹，用她们真实的经历告诉了我们：当不幸突然降临的时候，我们该付出多少勇气和毅力。其实每个人的一生都不可能一直平平坦坦、一帆风顺，在遭遇坎坷不幸的时候，莫要惊慌，也莫要哭泣，唯有让自己的内心不断强大，也唯有让自己的心越来越坚定，才能够在风雨中实现自己最美好的梦想。

人生并没有彩排，人生只有现场直播。

如果失败，请不要哭泣。

如果成功，请不要骄傲。

向前走，让脚步坚定不移地迈向前方，相信在那里，还有更好更棒的一个自己，在微笑畅想，也在幸福渴望。

不要给人生设限。

姑娘，你很棒，请勇敢走下去，直抵成功的彼岸。

烧饼西施

20 世纪 90 年代初期，刚刚参加工作不久的我，因为单位住房紧张而不得不暂时租房子居住。那时候，为了拥有一间属于自己的房子，可真是没少花时间和精力。每天下班之后，我就骑着一辆轻便的女式单车满城跑，一定要找到一间自己非常喜欢的房子，哪怕只是暂时的租赁。

有那么一个月的时间，我都是在这样辛苦的奔波中度过的。

早晨睁眼就赶紧起床，匆匆忙忙洗漱，然后出门，早餐也只能是在城市的街边现买，边走边吃，等走到单位的时候，拿在手中的那热乎乎的早餐也差不多快吃完了，然后这一天的繁忙就真正开始了。那时候的工作任务并不轻松，基本没有闲下来的时候，除了吃工作餐，就是埋头工作。黄昏下班时分，我便快马加鞭地骑着一辆桃红色的女式单车满城跑。那时候的我，并不肯去所谓的房屋中介看各种房屋租赁信息，因为潜意识里总觉得那些房屋中介并不值得信任，于是乎，每天在忙忙碌碌中奔波着寻找合适的住房，便成了我那一段时间必须要做的事情。虽然很辛苦，但我没有抱怨过，毕竟想要拥有一份属于自己的幸福生活，那就必须得付出许多。这个道理，我一直记得。

大约一个多月后，我终于在城市最中心的地段找到了一间房子。

那是一条巷子里一户人家的空房子。巷子并不狭窄逼仄，它宽阔且整洁，最令我满意的是那里毗邻这个城市最美丽的公园。那个公园湖光山色，碧波荡漾，绿草如茵，花红柳绿，景色格外迷人。

我一直忘不了的是那个公园里一年四季的不同景色。

春季的公园，小草发芽了，柳条吐绿了，那样的绿令人满心欢喜。那是嫩绿、青绿，绿得逼人眼眸，也绿得让人陶醉。在那些迷人的绿色中，千朵万朵的花儿都次第开放了。红的、黄的、蓝的、紫的、白的……花儿们仿佛是一个个颜值极高的美女，纷纷不甘落后地出来比美。那是春日最为震撼的一场选美大赛吧！然而，又怎能选出最为满意的结果呢？因为每一种花、每一朵花，都是格外娇艳的，芬芳妖娆，看得人只想流连，又哪里会舍得离开呢？

夏季的公园虽然没有了春时的嫩绿，但是也有着醉人的青绿，当然还有浓绿。树荫浓郁，绿树葱茏蓊郁。若是沿着公园中的山路蜿蜒而上，那些密植于山路边的翠绿竹子则会给人以更多绮丽的想象。夏风吹来，翠绿的竹叶儿发出一阵响动，那窸窸窣窣的响声仿佛是正在恋爱的青年男女，私底下正悄悄地甜蜜耳语……经过的某条小径上，开满了自由的野花。虽然不是郊野，但是也会给人一种身在郊野的美妙感觉。那一刻，整个人都会彻底地沉溺于这城市美丽公园的美好风景之中。还有荷，夏日的荷，最是养眼。静静地袅娜着，像是妙龄的女子，恬然且静谧，并不肯与世相争，只是静寂地盛放在波光潋滟的湖面。

秋季的公园别有一番风情。秋高气爽，万里无云，天空碧蓝高远，而游人也好像因了那碧蓝高远的天空而更加的诗情画意起来。倘若这时候漫步于公园，总能够看到那些沉迷于一幅幅美景中的画者。他们坐下来十分安静地写生，虽然身后围满了观看的人，但是却丝毫不受影响。画画是需要静心专心的事情，怎么能受到外界的干扰呢？其实，只要我们内心清静，是无法轻易被他人干扰到的。摄影爱好者不时摁动相机的快门，碧绿的湖面在夕阳下泛出十分美好莹亮的光斑，只听得“咔嚓咔嚓”几声，那静美潋滟的湖水就被摄入了相机。当然还有秋荷，虽然凋零了，但是却有着一种寂寥残缺的美，那是夏荷无法比拟的另一种分外独特的美好啊！秋日的公园，金风送爽、层林尽染、五彩缤纷。而每一个来到公园中的人，又怎能不被眼前的美景深深迷醉呢？

冬季的公园，那潋滟的湖水冻结了，然而也有特别的美丽。那是一面偌大的镜子呀，光洁且明亮，在冬日的暖阳下泛出几许白亮亮的光泽来。没有落雪的时候，兀自漫步于公园，可以听到寒风吹动树枝的声音，北风呼啦啦地吹过耳畔，像是在唱着一支冬日里最为动听的劲歌。我还会沿着那几条熟悉的小径慢慢走过，感悟和领略公园里不同时节的美好与风情。如果天空飘起了白雪，那就最是奇妙了。在风雪之中，静静欣赏公园的美景，那是怎样至高的境界呢？并不会感觉有多冷，因为内心洋溢着满满的欢喜和幸福，也陶醉着……啊，冬日的公园，总会有着春夏秋所没有的韵致和情调。

而那年，当我在城市的某条小巷子中找到了那间十分喜欢也满意的房子之时，我整个人都像极了一只欢愉的小鸟。

我很快就拨通了妈妈的电话，只是当时还没有手机，我是用巷口的一家小商店门口的公用电话拨通的。

电话里，我欣喜地对妈妈说："妈，我找到了满意的房子，已经租下来了，这里邻近公园，也距离我们单位很近……"

妈妈听得非常高兴，忍不住问我："房子是在几楼？能做饭吗？有阳光吗？洗干净的衣服方便晾晒吗？"

"二楼，向阳。冬天阳光恰好可以穿透大大的窗户照到床上哩。门口一米多宽的阳台上就有晾衣绳，可以在阳台上做饭……"

我一边回答妈妈，一边为自己的粗心大意而笑。是啊，刚刚我竟然都忘记告诉妈妈这些细节了。

我很快就搬到了那条小巷，住进了我好不容易才寻找到的那个有着温暖明亮阳光的房间。

那之后，约莫三年的时间，我都是在那里度过的。

在我后来的人生中，仍旧会不时地想起那段时光。不仅仅因为那儿邻近我所就职的单位，也不仅仅因为那里毗邻城市风景最为秀丽旖旎的公园，更是因为在那条小巷的巷口，有着一个貌若西施的姑娘。

她的名字叫瑶瑶。

每天我路过那里，都会买她的烧饼。她做的烧饼非常可口，面很筋道，特别耐嚼，并且烧饼里面会放许多芝麻、五香粉和小茴香，这还不算，她做的烧饼里面还加了纯正的菜油。因此每每吃她做的烧饼的时候，我都是一点点十分缓慢地吃着，并不舍得大口大口地去咬，只是一点一点撕下来吃。一边撕下来吃，一边不由自主地贪婪地看向其他又白又圆的热烧饼。烧饼香极了，也暖极了。这就是“烧饼西施”瑶瑶做的烧饼带给人们的美好感觉。

由于瑶瑶的烧饼做得格外好吃，因而每天来排队购买她烧饼的人总是络绎不绝，花上几十分钟排队是常有的事情。

也由于瑶瑶相貌俊俏、心灵手巧、楚楚动人，大家给她起了个“烧饼西施”的绰号。

“烧饼西施”瑶瑶竟然就住在我的楼下，这是某天我忽然得知的一个喜讯。

那是个夏日的傍晚，我下楼去散步的时候，突然看到了“烧饼西施”。那时，她正在整理一些物品。因为总买她的烧饼，所以自然觉得亲切，忍不住走上前去和她打了招呼。

“你好！请问需要我帮忙吗？”我忍不住走上去微笑着问她。

“噢，不用啦。谢谢你的好意！”

“没关系的，如果需要我帮忙，就随时找我，我就住在你的楼上。”

“烧饼西施”露出了十分感激的笑容。而那一刻她微笑的样子甚是美丽，美丽到当时的我恨不得变身为男性，对她紧追不舍。

就那样，我和“烧饼西施”熟络起来。

后来的某天，她来找我聊天，我们在一起相聊甚欢，很快就成了无话不谈的好姐妹。

再后来，偶尔她会在某个夜晚上楼来和我睡在一张床上，只为两个人能够聊得更久，也更欢畅。

而我也是一样，偶尔会去她那儿留宿。

我们相处得格外融洽，像极了一对亲密无间的好姐妹。

我大她五岁，因而她就叫我“姐姐”了。

彼此熟悉之后，我才终于得知了她的一些故事。

她出生在陕西最北部的某个贫穷落后的农村，家里负担很重。母亲一连生下了三个女孩，她是老大。后来，她的母亲生下了一个男孩儿，她被迫离开故乡，来到大城市谋生。那时候，她只不过十四五岁。

最初来到这座城市时，她并不在这个巷口做烧饼。但是后来发现这个巷口地理位置很好，每天的人流量很大，所以就把烧饼摊挪了过来。

我问她做烧饼是不是很累，她说："在这个世界上，做什么事情不累呢？"

我后来还对她说："你这样年轻，又这样漂亮，不如找个相对好点的工作去做，那样也会体面一些。"

她笑了，说："姐，你的好意我懂，但是我真的不会其他手艺啊。家里负担重，我初中都没有读完就出来谋生了……"

我只好沉默，但心里面却有隐隐的痛。

我在那条小巷子一住就是三年。

后来我搬离那条小巷子的时候，就把我的新地址留给了瑶瑶。

我没有想到后来她还真会来找我。我以为，从此我们便会永远地失去联系，因为大家都在为生活奔波不停，无暇顾及其他。

"烧饼西施"瑶瑶是在六年之后找到我的，和她一起来的，还有另一个人。那是一个男人，相貌英俊、身形高大。虽然在看到他们的那一刻，瑶瑶并未开口介绍，但是我已经猜到了那个人和她的关系。没错，他就是瑶瑶的老公。

瑶瑶说他们是前年结的婚，说他待自己特别好。他是东北人，是个孤儿，心肠极好，在这座城市做生意已经有些年头了。我为瑶瑶高兴，她终于有了自己的归宿。

后来，瑶瑶仍旧在做烧饼，只是，她的烧饼摊改成了一间十分气派的餐饮店，名叫“烧饼西施的肉夹馍”。

我去过很多次瑶瑶的新店，生意火爆、食客众多。她的店里不仅仅售卖烧饼和肉夹馍，还有陕西多种常见的地方小吃，比如凉皮、擀面皮、煎饼、蒸饺、鱼鱼、搅团、饸饹、烙面皮、臊子面、裤带面、蜂蜜粽子、麦饭、油茶麻花、滋卷、旗花面、卤面、饺子、麻食等。

而彼时的瑶瑶，一心一意地做起了老板娘。时光流逝、岁月轮换中，昔日的“烧饼西施”仍旧年轻美丽，她笑起来的时候，真的就好像画中的美人一样，养眼、俏丽，也落落大方、气质优雅。

许多年过去了，我仍旧和瑶瑶保持着联系。逢年过节的时候，我们也会彼此走动。我们依然如姐妹那样，更加亲密无间了。

我仍旧习惯唤她“烧饼西施”，而她并不会因此而生气。每每我唤她的时候，她都会笑靥如花。

我常想，这个世间，总有一些女子是如“烧饼西施”瑶瑶这样的。她们或许出身贫寒，经历坎坷，但是却始终坚忍顽强。她们像极了匍匐于地面的青苔，生命力极其顽强地生长；她们也像极了向日葵，总会微笑着面对生活，也总会把一脸欢喜的笑容带给身边的每一个人。

而更令我感动的却是，她们平凡坎坷的人生，总会激励我不断前行，也总会使我忘记人生路上的那些艰辛与坎坷……

人生不设限

她的呱呱坠地，并没有带给父母一丝一毫的欣喜。他们甚至用极其厌恶的语气说："还不如死在肚子里面……"

她没有真正意义上的名字。

她后来只得了一个十分难听的名字——引弟。

引弟，听起来有点令人伤悲。她的名字，似乎只是为了引来后面的弟弟。在她出生之后的第三年，果真，她为他们的小家庭"引"来了一个弟弟。从此，她的命运更加凄惨。

四五岁刚刚懂事的时候，她就常对同村的小女孩们心生羡慕，因为她们都有漂亮的花衣服。

每年过年，都是令她最不堪最煎熬的时候。因为那时候，除了她，全村的小女孩都会穿上崭新的花衣裳。她们欢天喜地地在村子里又跑又跳，开心得似乎插了翅膀就能飞上天空。

而她，却并没有新衣裳。

她的衣裳，仍旧是母亲从别人家里要来的旧衣裳。说不清那是谁家孩子的衣裳，灰突突的、脏兮兮的，也许只是某个并不爱干净的小男孩的衣裳吧……反正，她也没得选择，只好就那样沉默着穿上那件旧衣裳过年了。她在过年的时候，总是不喜欢出门的。

她情愿待在家里，哪怕是在家里烧火做饭、喂猪喂鸭、洗衣缝被、劈柴抹桌也是好的。其实这些并不算什么，最令她伤心的是常常会遭到父母的打骂，特别是她的第一个弟弟降生到这个家庭后。

其实，她的心里是渴望学习的。她做过梦，那个梦很美丽。梦里面，她背上了新书包，像村子里其他小女孩那样，欢欢喜喜、蹦蹦跳跳地去上学。她的秀发是梳成两根小辫儿的，她的书包是母亲亲手为她缝制的，用许多片零碎的花布一块块拼凑而成的那种，虽然奇奇怪怪，但是背在肩上却是非常独特美丽的。她梦见自己走出了小村庄，蹚过了村头的那条小河，又走了一段漫长的小路，这才终于抵达了学校。校园不大，但是却令她欣喜若狂。校园中植有槐树、栾树、枣树、杏树和海棠。她被分在一年级一班。她的课桌上有不知是谁画下的一只小鸭子，她欢喜地看着那只小鸭子，心也变得飘忽起来。教室虽然破旧，但老师却极好。数学老师是个大姐姐，腼腆，肤色白皙，说话的样子有点胆怯害羞。老师还在课堂上提问了她，她当然回答正确了。她还梦到了语文老师。那是个三十来岁的男老师，英俊儒雅，戴着一副银色边框的眼镜。他给学生们讲着南郭先生，也给学生们讲着卖火柴的小女孩。他还给学生们讲了刘胡兰和黄继光的故事，以及诸葛亮和孙悟空的故事……她被语文老师生动的讲解所打动，流下了几滴清澈的眼泪。她还看到了体育老师和美术老师，当然，还有音乐老师。她喜欢他们，她深深地喜欢着她的每一位老师。学校在她的心中占据了十分重要的位置，她喜欢这里，她希望自己的童年都能够在这里度过……

然而，一切也只是一场过于美好的梦而已。

当某天清晨，她从梦中醒来的时候，现实依然还是给了她冰冷残酷的打击。父亲让她去砍柴，而那时候，已经是北方初冬的寒冷天气了。

仅仅七岁的她，并没有多说什么，只是沉默着拿起了绳子和斧子，快步走出了家门。她来到了距离村庄不算远的一片小树林。那里有很多杨树和榆树。在秋天树叶将要落尽的时候，总会显得格外稀疏凋零，树枝似乎就要干枯起来，因而这个时节，真是个适宜砍柴的时候。

她的双脚踩踏在落了一地树叶的地面上，小树林里静悄悄的，哪里会有一个人呢？孩子们都去学校上课了，而大人们也不会来到这片小树林。她开始砍柴。有根榆树枝伸将而下，就在她的面前，于是，她决定先砍下这根榆树枝。

当她用一只手把那根树枝牵引下来，将要挥动斧子去砍那根树枝时，她却突然哭了。她想起了许多。她想起了那年春天，父母让她出去挖野菜。母亲说要蒸野菜包子给弟弟吃，弟弟毕竟正在长身体，也快要到上学的年龄了。

她听话地对母亲点了点头，就挎着一个小竹篮，拎着一个小铲子出了门。她不知不觉地就走到了这片小树林中。有根树枝上挂满了一串又一串的榆钱儿。榆钱儿那时候像是一个又一个的铜钱，圆圆的，青绿清甜，就那样串在一起，就在一棵棵榆树的枝丫上。她欣喜地伸出手来捋下了一把嫩绿的榆钱儿，放进嘴巴中美滋滋地吃着。她品尝到了春日榆钱儿的清甜和芬芳，那是难得的故乡的味道，多年后她仍会想起这段记忆，关乎榆钱儿，关乎童年，也关乎故乡……

那天，她不但挖到了荠荠菜、灰灰菜、蒲公英，而且还捋到了半竹篮的榆钱儿。

当她把自己挖到的野菜和捋到的半竹篮榆钱儿带回家时，父亲和母亲的面庞上终于露出了久违的笑容。

那一刻，她觉得格外温馨幸福。

而现在，她却要残忍地砍去这棵榆树的几根柔软枝丫了，这是多么过分，又是多么残忍的事情啊！她下不了手，真的下不了手啊！

她就那样安静地站在那里，愣愣的，过了半天才流着眼泪决定还是去砍。然而就在砍刀将要砍上去的时候，她却突然松了手。只听见哐当一声，她手中的砍刀掉落在了小树林的地面上。

那一天，她最终还是没有去砍那棵榆树的树枝。她非常耐心地一路寻觅，只寻觅那些真正干枯到死去了的树木枝条，然后，砍下它们带回家去。

她不能去上学，因为没有这个条件。虽然她梦见过很多次自己背上了书包去上学的场景，也不止一次乞求过父母，说很想去上学，然而父母还是没有答应。毕竟，她是个女孩子，而一个女孩子，终究是要嫁人的，何苦读那么多书呢？父母这样说，她只能沉默地听着，把泪水忍了回去。

弟弟七岁那年的秋天，父亲送弟弟去上学。看着弟弟穿着一身干净的衣服，背着母亲亲手为他缝制的新书包，被父亲牵着手走出了家门，她的心里又开始流泪了。谁会知道她对于校园、对于知识的万分渴盼呢？

她流着眼泪去后院的水盆前洗一大堆脏衣服，一边洗衣，一边落泪。

虽然没能去学校上学，但是她却悄悄地自学起来。自学所用的课本当然是弟弟带回家的那些了。她在暗夜里偷偷地翻看弟弟书包里的课本，把手电筒悄悄地藏在被窝中，像个常在夜里盗窃的贼，只不过，是个盗窃知识的贼。她就那样一直悄悄地藏在被窝中学习，偷看弟弟书包里的课本，让自己陷入思考之中。

十二岁那年，她突然对绘画产生了兴趣。然而她根本没有可能去学绘画，连普通的学堂她都没有条件走进去，更何况是去学习绘画呢？

然而她还是学习了绘画——用一根根树枝，或者是弟弟从学校里带回家的半截粉笔头。

她用一根根树枝在地面上画着，也用粉笔头在地面上、墙壁上画着。她觉得自己的世界一下子变得奇妙无比，像是来到了一个格外奇异的梦幻世界。她渴望有天能够走出这个小小的村庄，去外面的世界走走看看。

机会终于来了，就在她十七岁那年，弟弟读到了中学。开销日益增加，家里得攒点钱供弟弟上学。若是以后弟弟考上了大学，还要花更多的钱呢。

她看出了父母的担忧。

于是，她终于壮着胆子对父母说出了自己的想法："爸爸妈妈，我想出去打工，去省城打工，为弟弟挣点学费。"她用温和的口气说完这句话的时候，父母的眼中有了几许温暖的光亮。父母都没有说话，但是，她知道，那一刻的他们是在考虑。

约莫十几分钟后，父亲终于开口："去省城打工可以，但是必须得把你每个月打工挣来的钱全都交给我们。"

"那当然。"她欣喜地说。

就这样，一个月后的一天，她背着十分简单的行囊走出了小村庄。

省城很大，又或许省城并不大，只是对于她这个从未出过远门的小姑娘来说，省城真的很大很大。

她在一家餐馆找到了一份工作，无非是端盘子洗碗，工资不高，也十分辛苦，但这对于初次进城的她来说，却是知足的、满意的。

一边在餐馆打工，她也一边留意各种对她来说十分有价值的信息。一天，她听说美术学院就在距离餐馆不远的地方。

于是某天，在她终于有了一天调休时间的时候，她去了美术学院。

"美术学院可真大啊！"她一边漫步在美术学院的林荫道上，一边喃喃自语。

在一个公告栏前，她看到了一则招生广告。那上面写着："该美术班由专业的美术老师指导画画，只招收真正对美术感兴趣的学生，学费根据学生的情况面谈。"

她怔了片刻之后，决定要去找那位美术老师面谈。

当她揣着一颗激动的心来到美术学院二楼的那间办公室时，眼泪在她的眼眶中打起了转转。

她并没有理睬那几滴在眼眶中打着转转的眼泪，只是格外笃定地敲开了那位美术老师的房门。

走进去的时候，她看到了一个比她大不了几岁的女老师。她看起来温婉而亲切，没想到，她竟然就是教授学生们学画的美术老师。

她对面前的这个年轻美丽的美术老师说明了自己的来意，并告诉她自己很喜欢画画，想来学习画画。她还补充说，或许她的工资并不够报名费……

这个世界上，总会有奇迹发生。

这个世界上，也总会有好人出现。

那些奇迹、那些好人，或许就在某年某月的某天，毫无征兆地就出现在我们的面前，带给我们无尽的欢喜和激动，也让我们有了更多勇气，快乐、自信地活好每一天。

属于她的奇迹就是，那个年轻美丽的女老师认真听完她的讲述之后，笑着说："你来学画画吧，我不收你一分钱，但是我有一个条件，那就是你必须认认真真、踏踏实实地跟我学画画！"

扑通一声，她跪了下来。她跪在了那个年轻美丽的女老师面前，说:“我会好好用心，努力地学习画画。您是我这一生遇到的第一位贵人，谢谢您！”

从此，她便一边在餐馆里打工，一边去美术学院跟那位女老师学绘画。她学得格外认真，也会在夜晚睡觉之前反复练习，思考老师留下的作业，琢磨绘画理论知识之外的绘画技巧。

她果真画出了出色的画作。第一幅令美术老师格外满意的画作是《莲》。那是一株洁白、婀娜的莲，大约是六月里的天气吧，莲开得正好。池塘边空空寂寂，并无一个人走过，只有乡野的风柔柔地吹着。而那株洁白的莲，就开在静寂的池塘边。

美术老师对她这幅名为《莲》的画作颇为满意，不住地称赞，并且还说，一定要拿去参加展出。她以为美术老师只是说说而已，或许这只是她激励自己学生的一种方式吧。

让她没有想到的是，某天，老师果真把她的那幅画作——《莲》，送去参展了，并且在不久之后，就有好消息传了回来——《莲》获奖了，获得了省里千余幅画作评比的二等奖。

这一消息于她而言，是令人振奋激动的，从此，她便在心中暗下决心，一定要画出更好的画作来。此后的第三年，她又画出了一幅题为《土地》的油画。那是一幅颇具田园风格的油画，画中有和风、秋叶、稻谷，还有几个弯着腰忙着收割稻谷的农人。整幅画作呈现出的是一种田园的美丽和静谧，更是一种“岁月静好，现世安稳”的美好。

而这幅题为《土地》的画作赢得了美术大赛的银奖。从此，这个出生于穷乡僻壤的女孩子，终于变得强大起来。她很快就辞掉了餐馆服务员的工作，她要静下心来，继续创作更好的画作。她想，或许自己在绘画方面是有着一定天分的，或许自己能够成为一名优秀的画家，是时候印证自己的梦想了。

后来，她果真成了一名出色的画家。她的画作后来在新加坡和日本展出，也颇受绘画界的好评。她用自己绘画挣来的钱供弟弟读完了大学，又把父母都接到了省城，而她自己，也已经用绘画挣来的钱在省城买下了一套大居室的房子。

她走出了小村庄——不仅仅是走出了小村庄，她还真正地走进了美好幸福的生活。

在她二十九岁那年的婚礼上，她情绪激动地对大家讲起了她的故事。这个叫引弟的女子，在讲述自己经历的时候，常常会有停顿，并不是忘记了什么，而是她泪眼婆娑，喉咙也哽住了。她心怀感恩地说：“其实，我们谁都有可能改变自己的命运，一定不要向命运低头，也一定不要给自己设限。要敢于挑战自己，也要持之以恒地去做自己喜欢的事情……”热烈的掌声响起，许多人都流下了感动的眼泪。

引弟，这个来自小村庄的女子，终于通过自己的努力改变了命运。也许，老天赋予我们的命运会十分悲苦，而现实也总是非常残酷。但也许，我们可以通过自己的努力和付出，通过自己持之以恒的坚持和孜孜不倦的追求，改写自己的命运。

谁的命运中只写着“幸运”两字？而谁的命运中又只写着“不幸”两字？其实，这个世界，多数时候都是公平的。

丢弃那些抱怨吧，把心态调整到最好。让我们整装待发，奔向属于我们的那个最美好的梦境。就是现在！

为理想插上翅膀

寒冰从小就生得极美。

或许寒冰是遗传了母亲的基因吧？

从小到大，寒冰听得最多的一句关乎她和母亲的话，就是这句了。

自然，寒冰的母亲格外漂亮。

在 B 市，寒冰的母亲是人尽皆知的电视台女主播，由她主持的一档访谈节目颇受大众的欢迎和追捧。

寒冰自小就被笼罩在母亲的盛大光环之下。

又或许是母亲的光环过于盛大和耀眼，才最终导致了寒冰性格上的转变。

是的，那真是一种转变吧？

寒冰从五岁起就变得不喜欢说话，整天闷闷不乐、郁郁寡欢。她不喜欢和其他小朋友玩耍，甚至连幼儿园也是不情愿去上的。

寒冰患了自闭症。

这一关于自闭症的说法是 B 市最好的一家医院的精神科老大夫

给出的诊断结果。

寒冰的父母听说自己的宝贝女儿患了自闭症后，自然伤心难过极了。

怎么办？寒冰她还这样小，难道要让她一直自闭下去吗？

当然不能了！

于是，寒冰的父母带着幼小的她四处求医，不愿意放过任何一个可以为小寒冰治愈自闭症的机会。

只要听说哪个省的哪家医院有能够治愈自闭症的好医生，寒冰的父母必定会第一时间放下忙碌的工作和手头最要紧的事情，带着寒冰乘坐飞机或是高铁，非常迅疾地赶过去。

一定要治好寒冰的自闭症啊！寒冰的父母总在心里这样想。

当然也遭遇了失望，并且不止是一次遭遇失望。

一次次的治疗，跑了极远的路程，也花掉了不少钱，然而效果却并不理想。

小寒冰仍旧是一个十分严重的自闭症患者。

父母为此头痛极了，真想自己替寒冰得上这种所谓的自闭症。

家里面总是储藏着许多的药，治疗自闭症的药，也采取过除了吃药之外的另外一些治疗方案，比如，带着寒冰出门旅行。去遥远的地方，有山有水的美丽城市，或者是有着辽阔地域的大草原、大沙漠，甚至是海天一色、空气清新、天蓝云白的美丽海边。

然而，却都收效甚微。

寒冰仍旧自闭着。

寒冰的世界似乎是不再情愿打开了一般。

寒冰的父母为此甚至哭泣过，也抱怨过。

其实，他们的生活一直都十分美好，并不缺少什么。别人一直在努力奋斗想追求的金钱和地位，等等，他们都已经拥有，还有什么可抱怨、可遗憾的呢？

然而，唯独寒冰患了自闭症的这件事情，令他们毫无办法也无法释怀。

有一年春天，寒冰的父母决定带着寒冰飞往新加坡治疗她的自闭症。

那是一位刚从新加坡回国的老朋友提供给他们的信息，说新加坡有家医院有一位六十多岁的老专家是治疗自闭症的高手，尤其擅长给小孩子治疗自闭症。

寒冰的父母听到这个消息的时候，既激动也庆幸。

他们很快就向单位请了长假，收拾好了行李，立即就出发了。

乘坐飞机来到美丽的新加坡，本是件令人欢欣的事情，却因为寒冰患有自闭症而使得他们的内心并不轻松，似乎总是有着一块巨大的石头压在他们的心头。

去了那家医院，也找到了那个治疗自闭症极其拿手的老专家。

那位和蔼可亲的老专家给寒冰开了药方，并叮嘱寒冰父母一定要按照药方来为寒冰做好调理。

那一年，几乎有半年多时间，寒冰都是和父母在风景秀丽的花园国家新加坡度过的。

似乎寒冰的自闭症真的好了一些，她变得喜欢微笑了。

从无笑意的寒冰突然就微笑了起来，这是多么令人欢欣幸福的事情啊。

寒冰的父母仿佛蓦然看到了初升的太阳，欢喜雀跃。是啊，一直以来，他们都仿佛处于黑暗之中，生活因此而变得混乱不堪也乏味苦闷，而现在，一切都有所好转，这真是令人兴奋也快慰的好事情。

半年之后，寒冰随父母回到了国内。

寒冰休学了一段时间，只为治疗自闭症。

除了用药物进行调理之外，寒冰的父母还为她买回了一只美丽可爱的白色猫咪。那是一只很漂亮的山东狮子猫，毛色光亮，美丽透亮的眼睛仿佛玻璃弹珠般清澈灵动。活泼可爱也无比美丽的山东狮子猫果真给寒冰带来了几乎从未有过的美好春天。

小时候寒冰是极其喜欢绘画的，只是后来随着功课的增多而渐渐地没有再画了。然而父母买回家的这只非常美丽可爱的白色山东狮子猫却突然使寒冰有了绘画的欲望，并且那欲望格外强烈。于是寒冰有时会摊开画纸、拿起画笔，那些时候，白色的小猫咪也是分外乖巧配合的，它要么乖乖地躺在寒冰的身旁由着她为自己画像，要么爬到寒冰的身体上，好似在撒娇。寒冰于是也仿佛完全变了个人一样，欢欣喜悦地笑了起来，也会忍不住丢下画笔，用纤细白皙的手指抚摩逗弄起怀中的那只雪白雪白的山东狮子猫。

是的，那就是属于寒冰的春天。

寒冰喜欢那只美丽可爱又活泼好动的山东狮子猫。

每个白昼甚至每个夜晚，都是她与那只白色山东狮子猫相互陪伴的最好时光。她珍惜着那些时光，也始终和猫咪温情陪伴，默默相守。

夜里，她会抱着小猫咪睡觉，进入甜蜜的梦境，那是多么令人幸福快乐的事情。

寒冰的梦境里，竟然也有着一只洁白的、美丽的、可爱的、调皮的、活泼的山东狮子猫。

那只像极了寒冰怀中这只小猫咪的山东狮子猫在梦境中与她亲密相伴。他们一起漫步，一起嬉戏，一起洗澡，甚至还一起做着这样那样的游戏……

一年之后，寒冰的自闭症彻底治愈。

自闭症治疗好了之后的寒冰，开始了她人生中的一段奋斗，那奋斗，就是做一名优秀的电台主持人。

其实寒冰是喜欢朗读的。她还喜欢听广播，也喜欢看电视。然而后来某天身患自闭症的寒冰却变得对主持这一职业毫无兴趣，她曾经甚至因为母亲就是一位主持人而厌恶电视和广播。

但是这个世间的许多事情就是这么奇奇怪怪的。

寒冰的自闭症治好了，并且，她之前所厌恶的主持人这一职业，也开始在她的心中重新地发芽生根，并且，还将在未来的某天开花结果。

有些梦想、有些理想或许在我们的心中生根发芽很容易，但是真要让它们开花和结果就很难很难了。

寒冰的梦想亦是这样。

寒冰大声地朗读诗歌和散文，甚至还给自己录了音。

寒冰要实现自己的梦想，她要变成自己想要的模样。

于是，寒冰开始了她人生路上的艰难跋涉。

她参加培训，请专业的老师辅导自己，从发音开始练习，接受更多也更加专业的训练，忘记了自己是谁。是的，她是寒冰，她是B 市一位著名女主播的女儿，但是现在她必须忘掉自己的特殊身份。

寒冰起初有些不够自信。

但是某天，当她在广播里听到林肯和邓亚萍的励志故事时，终于对自己有了足够的信心。

出身贫苦家庭的林肯，一生都在面对挫败，八次竞选八次失败，两次经商失败，甚至还精神崩溃过一次。其实，在遭遇了一次又一次的失败打击之后，他完全有理由放弃自己的追求和梦想，然而林肯却始终没有选择放弃。也许正是因为他始终如一的坚持，才最终使他成为美国历史上最伟大的总统之一。

“此路艰辛而泥泞，我一只脚滑了一下，另一只脚也因而站不稳；但我缓口气，告诉自己，这不过是滑一跤，并不是死去而爬不起来。”林肯在竞选参议员失败后如是说。

而邓亚萍在成为乒乓球国际冠军之前苦练球技的故事也格外感人。

从五岁起就开始打乒乓球的邓亚萍，一直梦想着有朝一日能够在世界赛场上大显身手，但是她却因为身材矮小、四肢粗短而被国家队多次拒之门外。

邓亚萍并没有因为自己的身材缺陷而气馁，她更不会放弃自己当初的选择。既然选择了打球，那么就要义无反顾、持之以恒地打下去。邓亚萍把挫折转化为动力，也更加努力地在球场苦苦练习，终于，她的不懈努力使她得以美梦成真。邓亚萍在十四年的运动生涯中，共拿到了十八个世界冠军，这使她在乒坛排名连续八年保持了世界第一，是乒乓球史上排名“世界第一”时间最长的女运动员。邓亚萍的出色成绩，不仅为她自己带来了巨大的荣耀，也改变了世界乒坛只在高个子中选拔运动员的传统观念。

寒冰去书店购买了美国著名的人际关系学大师、《人性的弱点》一书的作者、西方现代人际关系教育的奠基人戴尔·卡耐基所著的《林肯传》，认真阅读，并摘录、背诵了其中极为感人精彩的段落，作为对自己的鞭策和激励。

除此之外，寒冰还在书店购买了《乒坛皇后邓亚萍》一书，同样她也阅读得格外仔细认真，从中汲取了不少的营养。

而后来的某天，寒冰还买回了林肯和邓亚萍的大幅海报，将这两幅海报张贴在自己房间的写字桌前。每每一个人静静地坐下来写字的时候，她都会在心中为自己加油，也一遍又一遍地告诉自己：“寒冰，你一定要努力加油啊！你要以林肯总统和邓亚萍姐姐为榜样，做个不一样的出色女子，不断努力，不言放弃，为自己的梦想插上翅膀……”

林肯和邓亚萍的故事始终都在激励着寒冰，渐渐地她不再像以前那样缺乏自信了。她开始相信自己能够通过不断的学习和努力，实现那个已经藏在心中很久很久的梦想。

在后来的学习和练习中，寒冰更加用功也更加用心了。

功夫不负有心人，终于有一天，寒冰被省广播电台录用，成为一档都市热线节目的女主播。

年仅二十几岁的寒冰，不仅仅在播音主持领域获得了不少奖项，还在省里举办的书法大赛和摄影大赛上获得了二等奖。

当曾经患有自闭症的寒冰被众人簇拥和羡慕的时候，她说：“其实我的成长经历是坎坷的，我曾经患过自闭症，那样的状态持续了很长很长的时间。那时候的我无法与这个美丽的世界相接触，更无法相融，变得过于孤僻也特别内向。直到现在我还记得我亲爱的爸爸妈妈无数次地带着我不远万里地去寻医问药，只为治好我的自闭症……后来他们甚至还带我去了美丽的花园之国新加坡。我想，我是幸运的，因为有着这样宠爱和呵护我的爸爸妈妈，这一生我都会心存感恩。感谢命运让我降生在了这样和美的家庭，感谢医生治好了我的自闭症，感谢命运让我有了彻底的改变……我很想借此机会告诉每个人，只要拥有足够的自信，并且肯不断努力，总有一天，我们会为理想插上翅膀；总有一天，我们会实现自己的梦想，让自己的人生愈加辉煌和圆满。”

不放弃自己的梦想与追求

玲子是我的中学同学，我们从初一直到初三都在一个班。初二整整一年，我和玲子都是同桌。年少时并不懂得珍惜许多，比如生命中非常纯洁宝贵的友情，只是一味地觉得，其实人生的道路还很漫长，那些所谓的友情又有什么值得珍惜的呢？

和玲子同桌的整整一年，后来我回忆起来的时候，满是感动和难忘。

那时候的玲子是普通的，格外普通，穿着最土气的衣裤，是那种灰不拉几或者绿军装的颜色。大约由于她家里只有一个大她三岁的哥哥，而且经济也相当拮据，因而她不得不每天都穿着哥哥淘汰下来的衣裤来上学吧……那时候的我，自然没有想到这么多，只是觉得她实在是土得掉渣，也不想搭理她。

玲子那时候虽然总是剪着刘胡兰式的发型，但并不是十分整齐的样子，头发有点毛糙，配上她的着装，简直有点不像女孩子。

或许是因为家里的贫穷，又或许是因为自己不够漂亮吧，那时候的玲子总是沉默的，一点都不合群。她总是喜欢一个人静静地坐在那里，看着课本或者是长久地对着窗外的蓝天发呆。玲子把她的世界封闭起来了，那是一种完完全全的封闭，甚至她也并不会和我这个同桌交流。

而那时候的我也是自傲狂妄的，心想着不愿意和我说话，其实也蛮好，说实话，我还不想搭理她哩！那时候，我的确就是这样想的。

因而，虽然我和玲子同桌了整整一年，但是彼此仍旧极少说话。整整一年时间我们所说的话加起来也不过十来句吧，不过是写作业之时，不得不说的关于学习的事情。

玲子虽然自卑内向，但是她的学习成绩却总是格外优异的。每次考完试，班里的成绩排名出来之后，玲子都是遥遥领先，不是第一就是第二，总之，她的学习成绩从来都没有落在第三名之后。

那是令全班同学都分外羡慕的事情，毕竟没有几个同学能够一直保持着这样既稳定又优异的好成绩。

那时候我的成绩虽然不能算最好，但是每次考试之后的成绩排名也总是会在前十名，算是比较稳定的成绩了。虽然父母对我的学习成绩还算满意，同学们也会心生羡慕，但我自己却总是郁郁寡欢的，因为毕竟我从小就有着一颗争强好胜的心。那时候我常想，我不能总是输给同桌玲子吧，输给这个既普通又格外土气的女孩子！

于是，我常常会暗地里加油。我在心里面使着一股子劲儿，我想，我真的该超越玲子，我要努力地超越她，一定要，必须要！

然而纵使我非常认真努力地学习，并且一而再，再而三地在心里面下定决心要超越玲子，后来的事实仍旧证明，我真的无法超越玲子，她的学习成绩永远都会比我好许多。

初二很快就结束了。初三到来的时候，玲子已经不再是我的同桌了，老师把她调到了另一个女生的身边，那是个成绩非常差的女生。老师那时候真是好心，大约就是不想落下任何一名同学吧，在我们将要升入高中的时候。

玲子当然没有辜负老师的期望。她一边努力学习，一边非常热心地帮助她的同桌——那名成绩非常差的女生。

那时候的我，总是心存疑惑的。

究竟为什么玲子要那么帮助她呢？初三的学习真的很紧张，已经快要到节骨眼儿了，大家都在忙着自己的学习，谁还会顾及别人的学习情况？然而，玲子却并不是那样，她仍旧情愿付出自己宝贵的时间和精力，去帮助那个学习很差的同桌。中考成绩出来后，玲子果然成绩极好，考上了市里最好的高中。那是一所真正的名校，至少在省内算是数一数二的好学校了。许多同学都羡慕着玲子，许多老师和家长也都赞扬着玲子。

时间匆匆地走过，很快秋天就到来了。又是开学季，校园又恢复了往日的喧嚣。玲子进了最好的学校，而我，只是踏进了一所再普通不过的学校罢了。

我在心里是羡慕和嫉妒玲子的，心想，别看玲子这时候令人艳羡，也许以后……是啊，不是有句话叫“三十年河东，三十年河西”吗？不是还有人说，笑到最后才是胜利吗？……我的心里总会这样想，也会在心里继续与玲子较着劲儿。

后来我才明白，其实根本不用以这样的心态来生活，也根本就不需要这样和别人较劲儿。这样活着，真是太疲累太辛苦了。

玲子只读完了高中一年级就辍学回家了。这当然不是她想要的结果，然而，这个世界十分残酷，我们所不想要的结果，或者我们所不能接受的境遇，却常常会在一些时候出现，就那样地给予你。你不要，你气恼，你痛苦，你烦躁，你哀伤，甚至恨天怨地亦都无济于事。

玲子的遭遇大约就是这样吧。玲子之所以会在高一读完之后就辍学回家，完全是因为家里的顶梁柱倒塌了。

玲子的父亲在省城一个建筑工地打工，然而却在某天遭遇不幸。那是谁都无法预料也不希望发生的事情，然而却还是发生了，并且那么惨烈，惨烈到最终使得玲子的父亲命丧黄泉。

这是怎样的一种打击呢？

或者，在多年之后，在我已经走过了人生的更多光影流年之后，我才能够更深地体会吧。

玲子的父亲是突然从三十三层坠下脚手架的。三十三层那得多高啊？从那么高的楼层坠下来，该有多疼？在他突然坠落于地面的时候，他又是多么悲伤？别的不说，单是玲子就让他放心不下。

其实，玲子的父亲原本是可以一直待在老家的，然而因为玲子就读于省城最好的学校，他才离开老家来到了省城，在一个建筑工地干起了既苦又累还脏的活。

玲子的父亲坠落在地面的时候，还并未死去，至少，在大约半个小时的时间里，他都还保持着生命的迹象。

有工友拨打了急救电话，许多工友都惊慌失措，一时间，整个建筑工地都因此而陷入了悲情和瘫痪之中。

当玲子和母亲急匆匆赶到医院的时候，玲子的父亲已然离去。他肯定是不甘心离去的，因为毕竟还有着太多太多令他牵挂的事情。最令他感到骄傲和自豪的女儿玲子，她的学习成绩那么优异，自己还没有把她送进大学呢，又怎能离开？妻子身体不好，也需要自己的关心和疼爱。还有老母亲，七十多岁的老母亲，她也需要自己的陪伴和守护啊……

虽然还有着太多太多的牵挂和惦念，但他还是不得不离开了。这世间的许多事情，都是如此无奈，又岂是人们能够掌控得了的？

也许正是由于他的心中还有着许多牵挂，还有着许多不放心的事情，更心有不甘吧，因而他走的时候，眼睛才会无法闭合。他的眼睛半睁着，似乎还在思考着什么事情。

玲子和母亲来到他身边的时候，他的双手已经冰冷。

玲子和母亲一起为他闭上了双眼。

父亲走后仅一个月，玲子就辍学回家了。母亲生病了，卧床不起，而七十多岁高龄的奶奶也瘫痪在床，玲子又怎么能够继续无动于衷地留在校园中静心读书呢？

每个人都是自私自利的，自私自利就是人的天性，玲子有些时候也并不例外。辍学之前的玲子，也不是没有在内心挣扎过，究竟要不要放弃学业回家照顾生病的母亲和瘫痪的奶奶？

她哭得一塌糊涂，也痛得浑身抽搐，然而她到底还是做了辍学的决定。毕竟，人生有些事情就是如此无奈；毕竟，亲情才最为重要。玲子想，自己不能错过，不能放弃，一定要尽可能地多花些时间来陪伴自己的母亲和亲爱的奶奶。

虽然玲子的母亲一再叮嘱她不要放弃学业，一定要好好学习，不要管家里的事情，但是，玲子却不能这样自私。父亲走了，家里的那片天空塌了下来，自己必须要陪在生病的母亲和奶奶身边。

玲子默默地收拾了自己的书本及日用品，告别了老师和同学，流着眼泪依依不舍地离开了美丽的校园。

老师和同学们也都流下了难过的眼泪。玲子学习成绩格外优异，日后必会前程似锦，然而现在却不得不选择辍学回家，大家的心，又怎能不痛呢？

辍学回家之后的玲子一边照顾母亲和奶奶，一边默默地自学。六年之后，玲子竟然通过了成人高考，并且成绩优异。

我后来再次遇见玲子，是在省城的图书馆中。那天是个周一，正是初秋时节，早晨天空就飘起了雨丝。我本不想在这种天气去图书馆的，但是有些资料却必须得查找，还是去吧。

午睡后，我直接去了省图的外国文学馆，因为我需要在那里查询一些资料。玲子大约是在黄昏时分走进我视线的。那时候，她正好推着一辆小车子，那是一辆图书馆专门用来整理书籍的车子，极小，只能摆放几十本书而已。

玲子十分轻巧地将车子推了过来，就推到了我所站立的那个过道。走到一个书架前的时候，她站住，然后将几本书放上去，动作十分娴熟。

我知道，那是唯有受过专业训练，也心怀敬业的人才能够做到的事情。

玲子——我突然喊出了她的名字。

玲子一惊，而我，也一惊。这里可是图书馆啊，是不能大声喧哗的。所有人都保持安静，而我，在那一刻竟然情不自禁地喊出了“玲子”这两个字。可见真是情难自控。

我以为，人生中有许多人在不知什么时候就会失去了联系。也许我们再也不可能见到彼此，像是这个偌大世界上某种物体的消失或者灭绝一般。我和玲子，仿佛就是如此。然而庆幸的是，后来的某天，我们还会相遇。

玲子已然成了省图最优秀的一名书籍管理员，她连续几年都受到了省图的表彰，被评为省图的优秀书籍管理员。

玲子说：“其实那年父亲走后，我一度陷入了无法自拔的悲痛之中。我想，我的人生完了，真的完了，我再也不可能走进校园了。但命运总是公平的，人生也总是会有柳暗花明又一村的时候。几年后，我通过了成人高考，这是我命运的再次转机，我由此重新改写了自己的人生！”

和玲子一起坐在省图对面的咖啡厅喝着一杯黑咖啡的时候，玲子对我说着自己的人生。

她的口气淡淡的，神情也格外平静，仿佛是在说着别人的人生。

从玲子的话语中，从玲子的神情中，我看到了一个高贵的灵魂和一种高尚的情怀。当然还有一种超级棒的心理，总是健康的、积极的、向上的，也总是蓬蓬勃勃、勇于进取的。

我想，这世上其实本没有困难，只要我们勇敢了，只要我们努力了，那些所谓的困难和挫折，也就全都会变成平坦宽敞的道路，而那条道路，总是要一直通向梦想的。

我们不能泯灭自己的梦想，也不能放弃自我的追求，在人生的任何时候都不能。玲子像是拂面而来的春风，她再度带给了我生命的力量和人生的启示。或许，不仅仅是带给我，更带给了每一个有幸看到或是听到她故事的人。玲子的人生很精彩，虽然她也曾经有过灰暗难挨的漫漫光阴。

这个世界，打倒我们的，也许并不是苦难……

第二辑 遇见美好的自己

我情愿把她的故事分享给所有人，也愿你们能拥有更好的自己。

阿　英

2016 年春节，我回老家，竟然遇见了阿英。说实话，我真是没有认出她来，她变化真的很大。在我的印象中，她从不是鲜亮美丽的样子，然而，现在的她则光彩靓丽，甚至格外耀眼，仿佛是暗夜中的一颗星星。

阿英小我三岁，可以说，我们童年是关系特别好的玩伴。只是，这些年我走远了，离开了家乡，渐渐地，阿英也就远离了我的视线。

关于阿英，我只知道她去了南方，后来又去了北京，究竟是去做什么，又过得怎么样，我真的没有再细问过老家的人。阿英留在我记忆中的样子，永远都是童年时期的她。那时候，她长得有点丑，眯缝着一对小小的眼睛，皮肤黝黑，而头发则是稀少微黄的。总之，她并不是个机敏可爱的小女孩儿，也并不是那么聪明伶俐招人喜爱，而且家境贫寒。

我记得，我们十几个小伙伴一起玩的时候，总会有人欺负阿英。他们说她太丑又太寒酸，不和她玩。

那时候，几乎只有我愿意和阿英一起玩，而我们两个一起玩的也都是些安静的、看似不像游戏的游戏。比如，我们两个人会在夏日的午后，坐在清澈的小河边玩着一些小鱼小虾。那时候，我们的故乡河灞河流水清澈，并且河水里面总是有着数也数不清的小鱼小虾。每到夏季，我们这帮小朋友总会十分勇敢地下到河里面，就在那些河岸边的石头缝隙间逮鱼摸虾，当然总会有收获。我们有时候还会用小瓶子来逮鱼逮虾，一只手就那样将一个空瓶子放进河水中，然后，站在那里，不要走动，一会儿就会收获几条甚至十几二十几条的小鱼小虾。

这种捕捉小鱼小虾的游戏极其简单，没什么技术含量，它当然也会成为我和阿英小时候常常都会去玩的一种游戏，特别是在夏季。

我和阿英会一起上岸，我们就坐在灞河岸边的一处格外阴凉的地方，然后，就把瓶子里的那些水和小鱼小虾一股脑儿地倒出来，就倒在我们的脚跟前。那时候，我们两个最喜欢看的就是那些小鱼小虾的窘境了。它们被倒出来之后，还会拼了命地翻腾几下，那是在努力地挣扎，或者是想要逃生吧，不想就这样被倒在干涸的河岸上。大约小鱼小虾也都是聪明绝顶的吧，它们想要逃离灞河河岸，想要回到灞河当中，所以它们会努力地挣扎，并不想就此丧生。

然而，它们想要逃离，想要活命，却不会那么容易，因为那一刻，它们的生命是掌握在我和阿英的手中的。如果我和阿英心情好点的话，也许还会发发善心，把那些小鱼小虾再装回到那个空着的玻璃瓶中，然后光着脚丫，唱着欢歌，跑回河边，把它们放回到灞河的怀抱……然而，那样的时候，毕竟是少之又少的，因为我们不仅仅是在玩游戏，我们甚至还会在玩完那个游戏之后，吃掉那些小鱼小虾。

说起来也许你不会相信吧。但是那就是真的：那些命运不济的小鱼小虾在被我们放在灞河岸边的烈日下暴晒之后，很快就会变了颜色，从原先的通体晶莹白亮变得浑身微红起来，那是头顶炽烈的夏阳晒熟了它们。

于是，我和阿英就那样坐在故乡灞河河岸清凉的树荫下，吹着徐徐的夏风，大快朵颐起来。

那些被太阳晒熟了的小鱼小虾，吃到嘴巴里真是非常可口的。在那个年代，物质总是非常匮乏的，因此那些被夏日骄阳晒熟了的小鱼小虾，确实就算非常可口美味的食物了。

我总会记起我和阿英坐在一起吃那些晒熟了的小鱼小虾的情景。阿英总是一副狼吞虎咽的模样，吃得格外香甜。笑容荡漾在她黝黑黝黑的面庞上，像是一朵朵灿烂开放的小花儿。

而我，大约也是一样吧。我和阿英在一起的时光总是十分快乐的，因此，可以说，童年和我关系最好的伙伴就是阿英了。

阿英是非常不幸的。三岁那年，她的母亲突然生病去世了。那之后没有多久，她的父亲就娶了一个女人回来，阿英悲惨的命运从此也拉开了序幕。

阿英的继母长得凶巴巴的——也许她长相并不算很凶，那样的凶巴巴只是一直以来她所留给我们的深刻印象罢了。

我至今还清楚地记得，有一次我和阿英在村子东头那片空地上玩逮蛐蛐，阿英正蹲在草丛中小心翼翼地去逮一只高声鸣唱的小蛐蛐时，阿英的继母走了过来。她二话没说，先是用脚踢了阿英几下，当时就把阿英给踢倒了。阿英哭了几声。然而她不哭或许还好，一哭就更惹怒了她的继母。继母不由分说就扯着阿英的衣裳领子把她从草丛间提溜出来，然后猛地往地面上一扔，像怒气冲冲扔一件物品那样。这还没完，紧接着，她又挥手掴了阿英几个十分响亮的耳光。

那天我被阿英继母的“暴行”给吓坏了，胆小的我默默地流着眼泪，我那么想要哭出声来，但是又那么害怕阿英的继母，她能够那样凶残地踢打阿英，对我一定也下得了手啊。于是，我便只好压抑着自己的感情，没敢当着她的面哭出声来。

后来阿英对我说，回家之后，继母又把她给暴打了一顿，这还不算，还不给她吃饭，并且又让她在堂屋里跪到了半夜。

那时候，阿英的父亲外出干活去了，因此，家里面当然就数阿英的继母最“厉害”了。

阿英再次见到我的时候，眼泪汪汪地先撩起了她的衣裳，那件脏兮兮的花衣裳下面，果真伤痕累累。有被掐得乌黑深紫的斑痕，也有被打得发红发肿的几大块，还有几个地方是被手指甲抓破了的，更有几处是被棍子打伤了的……总之，阿英身上的那些累累的伤痕，真是看得幼小的我胆战心惊。

阿英五岁那年，她的继母生下了一个小男孩，从此，阿英的命运就更加悲惨了。本该上学的年纪，阿英却没有条件也没有机会走进校园——阿英的继母不同意阿英去读书。于是，阿英每天就只能眼巴巴地站在家门口，看着我们这帮小姑娘一蹦一跳地背着花书包去上学。每每经过阿英家门口的时候，我都会忍不住多看几眼站在门口的阿英。我看到了阿英眼睛里流露出来的羡慕和忧伤。虽然她才只有七八岁，但是那样的羡慕和忧伤亦是能够将我和阿英都刺痛的。我为阿英而悲伤，而阿英的内心应该最为悲伤吧。

我们每天都在学校里上课、读书、写字，然而幼小的阿英却不得不身背竹笼、手拎镰刀去割草砍柴。幼小的她总是忧伤的。有次放学路上恰好遇见了阿英，我喊她，她却突然就躲避开了。阿英好像与我生出了隔阂，我看得出来阿英是在故意地躲避我。

那时候的我，自然不太明白阿英为什么会有那样的反应。后来，在很多年之后的一天，我突然就想明白了：一定是阿英内心自卑吧，因为我能够背着书包去学校读书，而她却不能。并且那时候的她，还十分狼狈又可怜兮兮地背着干柴火，那样子与当时的我真是形成了格外鲜明的对比，她又怎能不悲伤呢？所以，她才会选择不理我，才会十分决绝地转身离开，以她所能够做到的方式逃避掉。

从那以后，渐渐地阿英就远离了我，甚至后来再见面，她都不肯和我说上一句话了。

小学三年级的时候，我随着父亲离开了故乡，从此也就渐渐地没有了阿英的消息。

初三那年，我听一个远方的女子提及阿英。那个女子原来也是我们村子里的姑娘，在二十岁那年嫁到了另外的一个村子，但是因为她和我姐姐是好朋友，从小俩人一块儿玩大的，所以在出嫁以后还和我姐姐保持着联系。

当她某天来我们家找我姐姐的时候，无意间说起了阿英。

她说阿英外出打工去了。因为要供她弟弟读书。

“阿英去哪儿打工了？”

“杭州。”

“哦？”

“……”

我只问了几句，然而却为阿英心生疼痛。因为那时候的阿英也不过才十五六岁啊，她还那么小，又能够做些什么呢，并且还是去了那么遥远的杭州。

几年之后，我又听家乡人说阿英从杭州辗转去了北京，并且还在北京留了下来，听说是在一家餐馆里当服务生。

又过了几年，我听说阿英当了老板，自个儿在北京的一个市场上做餐饮，好像是早餐之类，不用租房子，流动性的那种。

再后来，渐渐地，就又没有了阿英的消息。

而我也非常忙碌。生活在省城，每天都压力颇大，一边工作一边读书，还要写作，当然也没有那么多精力和时间去想念阿英或是刻意去打听关于她的消息了。

令我没有想到的是，在 2016 年的春节，就在我回到老家的时候，竟然遇到了阿英。我真的没有认出她来，但阿英竟然一眼就认出了我。她喊我，我这才站住，认认真真地打量起她。

“阿——英！”

“正是我！”

于是，我们两个突然就拥抱在一起。那天，我开车载着阿英去了灞河边。我们两个在灞河边的长椅上坐了很久很久，晒着早春的暖阳，聊了很久很久。灞河早已更换了它的容貌，窄窄陡峭的河堤不见了，甚至连当年我们十分熟悉的那几棵高大的树木也已经找不见了，取而代之的是几年前才修建的宽阔的观光路。路的中间有宽宽的绿化带，路的两边植满了各种各样的花木，还有一张张的木椅，供人们休憩。而我和阿英那天就是坐在其中一张椅子上，晒着暖阳，聊了很久。

我也终于知道，阿英在北京卖早餐卖了五六年，积攒了一些钱，然后就在一个小胡同里开了一家小饭馆，这些年，她一直都在做着老板娘。当然阿英也嫁人了，嫁给了一个同样在北京孤独漂泊的男人，那个人和她有着相似的经历，也在餐馆打过工，也是从小就没了母亲，于是，他们自然而然地就在相识之后的第三年领证结婚了。

阿英说："我们的婚礼大概是这个世界上最简单的婚礼吧。在这个年代，我们什么仪式也没有，也没有那么多钱操办。我们在北京连亲人都没有，所以只是去民政局登记，领了结婚证，两个人找了一个小餐馆，他掏钱点了两个菜、两碗米饭、一瓶红酒，这样就算是把婚给结了。"

阿英对我说着这些的时候，丝毫没有伤心甚至遗憾的神情，她还是很豁达开朗。甚至，她一直都是笑着的，就在她说起在北京的这些艰苦经历的时候。

“今年春节我回来，也是想好好陪陪父母，还有弟弟。父亲年纪大了，身体也没有以前那样好了，母亲也是一样。我给了他们一笔钱，大约有五万吧，留着花呗。我不能长时间地陪在他们身边，为了生活我还得再去北京打拼啊！我给了弟弟两万块钱，他即将大学毕业了，我想，无论他毕业之后是选择继续深造还是出来工作，这点钱悠着点花，也差不多够用了……等我以后攒下钱了，再给他们。”

我听得非常感动，真的没有想到阿英会是这样大气的女子。

如果阿英仅仅只是对她的父亲那样好也就罢了，那当然是我能够理解的事情，然而，她竟会如此善待她的继母和弟弟。她并没有叫“继母”，而是叫“母亲”。在她的心里面，“继母”或许早就已经是她的“母亲”了吧？她还给“继母”那么多的钱，难道她真的忘记了小时候自己的悲惨遭遇。

我在那一刻真是非常愕然的，当然心里也很不是滋味。因为我想，倘若换作是我，我能够做到吗？像阿英这样不再计较从前的许多，不再心生怨恨，善待曾经一次又一次狠狠暴打自己的“继母”……我想，换作是我，大约是做不到的吧。

我们两个都添加了彼此的微信，也都保存了彼此的手机号码。

我想，从此我都不会让阿英再次从我的眼前消失掉，而阿英大约也有一样的想法吧。

此后，我常常会和阿英通过微信联系。阿英的微信虽然更新得并不频繁，但我还是能从中知道，阿英在北京过得很好。

是的，阿英的餐馆已经开了连锁店，阿英的生活过得极好。真没想到，小时候又丑又黑的阿英，长大之后竟然还是一块经商的料啊！

前几天，阿英告诉我，她已经去上海考察过了，准备 2018 年在上海也开两家连锁餐饮店。我听后十分欢喜欣慰，也由衷地佩服起她，阿英就是我的骄傲啊，她也是我们村所有人的骄傲啊！我为阿英祝福，愿她生意越做越好，也愿她的人生之路越走越顺畅，越走越宽广。

那个从前忧伤悲苦的阿英，就让她成为永久的历史吧……

青　云

在古城西安的繁华地带，有一家别具特色的咖啡店，早些年，我常常去那里喝咖啡。其实我与那家咖啡店的邂逅纯属偶然。记得那是十年前的某个非常炎热的夏天，我外出给单位办事情，要去的那个单位恰好就在那家咖啡馆的隔壁，一幢 33 层的写字楼上。

那天说来也巧，原本约好了的事情，却因为那个办事人员的家里突发急事而耽搁了。当我冒着 39 摄氏度的高温急急忙忙赶到那里的时候，因为她不在，我只好等待。

要等很长的时间，又是炎热的 39 摄氏度高温，于是，我选择找个地方坐一坐。

其实那时候的我是喜欢逛街的。毕竟是女人嘛，总是会对各种各样的衣饰感兴趣，好像总不会厌倦。我也曾经无数次地逛完一家接着又逛另一家，乐此不疲，只要遇见了自己非常喜欢的衣饰，也会疯狂采购。

然而那天恰巧我没有闲逛的兴致。我想，大约是因为天气太过炎热吧，那天的我只想找个地方静静地坐下来喝杯咖啡，或者喝杯清茶，哪怕只是一杯凉白开也是好的。

于是，就在我乘坐电梯从 33 层的高楼上下来的时候，那家叫作“青云咖啡”的咖啡店倏尔就令我眼前一亮，我没怎么犹豫就走了进去。

——青云咖啡，多么动听的名字啊！

就在我一边走进那家咖啡店的时候，一边在心里面想着这个咖啡店名字的含义：也许并没有多么特别的含义吧，也许它只是某个女子的名字吧；如果这家咖啡店的老板是个中年的男子，那么可能这个店名会是他初恋情人的名字吧；但是好像男人经营咖啡店的并不多见，也许这家咖啡店的女老板自己就叫“青云”，而她又分外地自恋，所以就给自己经营的咖啡店起名青云……

那天，我真是想到了许多许多，就在看到那家名为“青云咖啡”的咖啡店之时。咖啡店里装饰得格外温馨，所用色彩多为浪漫的紫色。蓝紫的颜色，像极了我最喜欢的薰衣草的色泽。五六十平方米的咖啡店竟然完全被紫色系所渲染：紫色的窗帘是半截的，上面印有紫色的小花儿，还有紫色的流苏，一条条地垂落下来。沙发也是深紫色的，宽大且绵软，坐上去感觉格外的舒适。咖啡桌则是十分深郁的紫色，显得庄重且妥帖。还有，咖啡桌上面摆放的花卉也是紫色的，只不过是十分浅淡的紫色。

那天，我选择了靠窗的那个位置。当时咖啡店里只有两桌客人，他们像是情侣，坐在那里慢慢地轻啜咖啡，丝毫都不着急离开。

音乐是舒缓的钢琴曲——《梦中的婚礼》。法国钢琴王子理查德·克莱德曼所演奏的钢琴曲《梦中的婚礼》带着淡淡的忧伤。

仔细聆听的时候，我自然而然地就会想起这支钢琴曲所演绎着的那个唯美动人的爱情故事。

梦之国的边境，一堆篝火冉冉升起，绵延，缭绕……

暗夜里忽然有流星划过，留下了一道道十分炫目的光辉。

一片洁白的羽毛落在他手背上，他抬起头，原来下雪了。冬天的梦之国好似梦一般美丽，却也如梦一般虚幻。

那些伤心也难忘的记忆，又一幕幕地在他的脑海中闪现。

那一年的冬天，也是飘着雪花……一切都仿佛是场最美好的梦，没有醒来的时候。并且，他也永远都不想从梦中醒来。

十几岁的少年，与她有了人生中最美好也最纯净的初识。

然而后来却又不得不分离。

在那段长达几年的分离中，他并没有忘掉那份最纯真也最美好的感情，思念总会如潮水般地席卷而来。在时光的流逝中，他不但没有忘记她，反而更加地思念她，那些无时无刻都会涌动在心房中的思念啊，如此强烈也如此迷人。

他后来还是缓缓地倒在了她的脚下，被一支利箭射中。

最唯美也最令人感伤的结局却是：他睁开眼睛的时候，却看见了身披洁白婚纱的她，而那一刻，美若天仙的她正面带微笑地看着他。在他们的旁边，天使在为他们唱着祝福的歌。“这是梦吗？”他喃喃地说，“有梦，就够了”。他握紧着她的手。那一刻，如此甜蜜也如此幸福。

……

一颗流星划过城堡的上空，仿如一滴幸福的泪……

十分喜欢《梦中的婚礼》这支钢琴曲，我甚至能够格外清晰地聆听出曲子里面所隐喻的故事的前奏、低潮、过渡以及高潮。而每一段舒缓灵动的钢琴曲都有着一种分外奇妙的感觉，令人在聆听的时候，有时如沐浴在温暖的清风中，而有时又像是看到了绚丽旖旎、无比奇特壮观的美丽彩虹……

我坐下来之后，看了看服务生送上来的咖啡单，点了卡布奇诺，又点了一块蛋糕、一个果盘和一杯柳橙汁。

约莫十几分钟后，服务生将卡布奇诺、蛋糕、果盘和柳橙汁陆陆续续地送了上来。

由于时间还早，我就去咖啡店角落的书架子上取了两本杂志。那是几乎所有女人都会喜欢和沉迷的时尚杂志——《瑞丽服饰美容》。

我喜欢这本时尚杂志已经很久很久了，只是常常会因为太过忙碌而没有闲下来的时间去细看。时尚是我颇感兴趣的，时尚的也是流行的，生活在繁华旖旎的大都市，我认为每个女子都应该多多地翻看时尚杂志，那样总会给自己一些难能可贵的提升。比如在生活品位上，又比如在对于美的鉴赏上。

每个人都是忙碌而辛苦的，有些时候，我们需要一个人静静地坐下来，翻开几本喜欢的书籍，哪怕只是一本时尚杂志也是极好的。香醇的咖啡氤氲缭绕，清茶的滋味令我们顿觉清爽，而音乐以及那些身边陪伴着的绿植花卉，则是我们最亲爱的闺密。

一个人就那样静静地翻看着《瑞丽服饰美容》杂志，在喝了半杯咖啡，吃了水果之后，竟然就斜倚在紫色的绵软沙发上睡着了。甚至，那天的我，还做了个十分美好的梦。

我梦见自己来到了薰衣草庄园。那是我从未见到过的场景。大片大片的薰衣草妖娆盛放，既激情，又静谧，但是却总是广阔到无边无际。我徜徉于其中，只能看到那些大片激情盛放的薰衣草与头顶蓝蓝天空的相互接壤。我的眼前、我的身后，如果非要寻觅出别样的景致的话，却也尽是蓝色和紫色。那是薰衣草的颜色，那也是天空的颜色，没有边界，没有尽头。而我，徜徉并且迷醉于其中，只想能够永远永远如此。

在那个十分美好的梦里，还曾出现过一只飞鸟。我并不认得那是一只什么飞鸟。只是非常喜欢它白色蓬松的羽毛，当它慢慢栖落下来，就停在一大片盛开到极致的薰衣草花丛之中的时候，我高兴极了，也兴奋极了。我走过去，脚步十分轻盈地走了过去，我那么想要靠近它，十分近距离地接触到它，轻轻抚摩它分外柔软也光洁无比的羽毛，抱着它，和它一起漫步在浪漫的紫色薰衣草花丛中……而我后来，在梦里面也真是抚摩到了那只白色的鸟雀，甚至将它抱在了怀里。

那个梦，如此真切，也如此美好。似乎它还没有完全做完。我想，如果哪天我再接着做下去，那么，那个梦里面是不是还会出现更为旖旎动人的场景，或是故事？比如，是不是还会出现一个分外英俊的男子，而我们，是不是也会牵手漫步，自由无羁也浪漫非凡地不住徜徉，就在那大片大片盛开到极致且无边无际的蓝紫色的薰衣草花海中……

然而，天底下的许多事情都是不可能任由我们去幻想的，就连我们十分想要梦到的场景也是这样。看似就要接近完美的一幅画面，一段场景，却会突然间就中断掉，而那样的突然中断，则很有可能就是人为的，就像那天一样。

是她打断了我的美梦。她叫醒了我，以她格外温柔动听的声音。

她叫醒我，其实只是怕我着凉。因为那时候咖啡店里面的空调温度调得很低。她叫醒我，问我需不需要一条崭新洁净的毯子，她说，她刚刚才从商场中买到几条毯子，还说，那几条毯子也是紫色的。后来又说，因为她本人格外喜欢紫色。

她果然名叫“青云”。

在我被她叫醒之后，我真的跟她要了一条她刚刚才从商场中购买到的毯子。那真是一条紫色的毯子，上面是一串串的紫藤花，那些紫藤花怒放着、喧腾着，也欢笑着、挤着抢着，蜂拥而至，似乎是在对着我跳着一段激情奔放的舞蹈。那样的舞蹈，令我迷醉和激动。

当毯子被我盖在身上的时候，她也坐了过来。她就坐在了我的对面。这时候，我才算是真正地打起精神，细细打量起她。

她约莫 30 岁的年纪，身材纤瘦，肤色白净，眼睛是丹凤眼，眉毛弯弯的，鼻梁高高的，嘴唇温润粉红，像是古城西安四月份盛情开放的粉色樱花，弥散着淡然的清香……

她的一头直直的乌发就那样散漫自由地披垂在肩头。她看起来是文弱清新的，有点文艺，且非常的淑女。

她笑着告诉我她的名字。

——青云。她说。

呃，我非常喜欢这个名字。我那天就这样对她说，在她告诉我她的名字之时。

既然我们聊天的话题是从她的名字“青云”开始的。那么接下来，很长很长一段时间的话题，我们都是围绕着她的名字“青云”进行的。

她给我讲了她这个名字的来历，也给我说起了很多很多，甚至她和她的初恋。

她说，那是她的初恋，也是她最后一次永远的爱恋。她说那个他已经离开了这个世界，因为一场突然发生的车祸。还说她之所以会经营这个咖啡店，正是因为他。这家咖啡店是他在车祸发生前夕才刚刚给她开起来的，因为她喜欢浪漫，喜欢薰衣草，喜欢紫色，也喜欢咖啡，所以他们咖啡店里面的装饰风格会是完完全全的紫色系……

她说着说着，就哭了起来。而我在她哭泣的时候，不自觉就走了过去，拥抱了她。我和青云从此成为极好的朋友。

只是，两年之后的一天，她突然告诉我她要离开古城西安了。她之所以选择离开西安，只是因为在这里她总会生出无限的感伤，因为这里就是他的家，他生于西安，也死于西安。

青云的家在上海。因此，她后来选择回到了上海。自从青云回到上海之后，我们就极少见面了。将近十年的时间，我们只见过两次。一次是我去上海出差，顺便去看望了她。另一次是我去上海玩，在春天，专程去看望了她，并且还和她住了一个晚上，就在她上海的家中。

彼时的她，已然在上海经营起了一家咖啡屋，当然也是完全紫色系的装饰风格。那家咖啡屋生意极好，而青云则显然成熟漂亮了许多，浑身上下都散发出成熟女性的知性和优雅之美。然而我依然能够感受到青云身上所隐藏的淡淡忧伤。

青云是个了不起的女子。她从一个小鸟依人的小女人成长为一个女老板，独自在大上海经营着一家咖啡屋，把自己的咖啡屋经营得红红火火。

她说，这是他的心愿。

她还说，我喜欢他，很爱他，所以会一直把咖啡屋经营下去。

青云而今已然 42 岁了，但是她却仍旧选择独身。她每天都过着清心寡欲的日子，同样也是无比精致亦闲散静谧的日子。

我知道，其实青云那样的日子很美好也很惬意，因为那并不是谁都能够享受得到的好日子。

青云在纷纭薄凉的红尘中，把平平凡凡的日子过成了一首诗、一幅画。而她的心中却总有隐隐约约的伤痛。

青云只悄悄然地把那些生活中的伤痛藏匿进了自己的心中，她所展示给每一个人的永远都是洁净美好、优雅文静、知性从容的一面。

我常想，一个经历过几许幸福更经历过许多悲伤的女子，要有怎样的度量和坚强才能够把一个人的凡俗日子过得如诗如画、波澜不惊、旖旎馨香呢？

大约这个世界上，也唯有青云这样的女子，才可以做得到，也能做好吧。而她们，总是会做得从容且坦荡，每天都面带微笑，也温婉可亲，且独立内敛。她们就是这个薄凉红尘中的女中豪杰，令人羡慕也令人敬佩。她们是我们众多女子都应该去学习的好榜样，总是能够带给我们更多的人生启示和迷茫时的帮助。

我真的为自己能够幸运地认识青云而倍感自豪和骄傲。我也会好好地珍惜这一生与青云的这份弥足珍贵的情缘，一直一直，永远永远……

像小莹那样勇敢

认识小莹是在某年春节的时候。那年春节，我们全家都回了老家。公公婆婆非常高兴，早早就为一家人预备好了充足的年货。

北方乡村的空气格外寒冷，虽然那时候，已经临近早春。我总是有些不能够适应北方乡村的凛冽空气以及呼啸的寒风。

婆婆和公公都是疼爱我的，他们大约也深知我格外的娇气吧。

他们生怕我受冻，也生怕我不能够适应乡村的恶劣环境。

公公每天都会从后院抱来一堆柴火。那些是他于秋天时捡拾或者砍下来的干树枝。他在闲暇的时候将它们劈开截成一段段的。那是不到二十厘米的一小段，就那样，他弯腰，然后抡起手中的斧子，一斧子一斧子地将那些柴火——他们称为“硬柴”的树枝截成一小段又一小段的，然后，再将它们整整齐齐地码放到后院的墙角。

在后院，总有一处墙角是向阳的。那里会有充足的阳光，光照颇为充足，而那些被分外勤劳的公公所捡拾并截成一小段又一小段的柴火，就那样整整齐齐地放在那里，接受着每一天的光照。

我每次回到老家，总喜欢一个人走去后院。

灰色的瓦片覆盖在房顶，有些瓦片上会生出老绿的青苔，甚至会生长出几茎野草。风吹来，一阵清凉，而那灰色瓦片上老绿的青苔和几茎野草，也轻摇起来，显得格外惬意和欢喜。

是的，我想那些老绿的青苔和几茎野草真是非常惬意欢喜的吧。因为毕竟它们不用和人类一样，必须要努力地打拼、辛勤地工作，才能最终获得更加美好的生活。

因此，我有些时候，竟是十分羡慕那些默默生长在老家灰色瓦片上的老绿青苔和几茎野草的。如果有来世，我倒是愿意成为它们，无忧无虑，欢喜生长……

公公把从后院中抱回来的柴火整整齐齐地放在厢房外窗户下的炕洞前，然后蹲在地上，把炕洞的小铁皮门儿打开，放进去几个干燥的苞谷叶儿，再点燃，待它们熊熊燃烧起来的时候，再把那些从后院抱来的柴火一根根地丢进炕洞，让它们充分燃烧。

于是，我听见那些柴火在炕洞里燃烧的声音——“噼噼啪啪”，煞是动听。那是欢喜吗？或者，那也是一种分外动人的激越！我想，作为柴火，总会有期待燃烧的时候吧，就如那一刻，它们在炕洞中熊熊燃烧时那样，既激情也生动。

有青烟缕缕地冒出来，就从炕洞的缝隙里。

炕洞在被公公添了适量的柴火之后，会把那个小铁皮的门儿关闭，于是，那些缕缕的青烟也只能由炕洞的缝隙里冒出来了。

之所以关闭了炕洞的那个小铁皮的门儿，只是为了能够将柴火的热量尽量地集中，做到尽可能地不去浪费，也尽快地使大炕热起来。只需要十几分钟，原本如石头般冰冰凉凉的大炕就变得温温热热的了。

这时候，婆婆总会把手伸进大炕上面铺着的那一床缠枝莲的红被子下面。

然后，就听见了婆婆格外欢喜欣悦的声音："筱雨，炕烧热了，坐上去吧，坐到炕上就不冷了！"

婆婆说这话的时候，满脸的笑容像是盛开的菊花，格外生动也格外美好。

于是，我便十分乖巧顺从地脱鞋上炕。

那些时候，坐在热炕头上的那些时候，我总会靠在几床绵软的被褥上，翻开随身携带回来的几本闲书。

像是村上春树的《边境·近境》、毕淑敏的《带上灵魂去旅行》、张小娴的《谢谢你离开我》、三岛由纪夫的《金阁寺》、芥川龙之介的《罗生门》、夏目簌石的《我是猫》、太宰治的《人间失格》、渡边淳一的《失乐园》、片山恭一的《世界中心呼唤爱》、岩井俊二的

《情书》等，都是我在连续几年的春节期间，坐在格外温热的大炕上阅读完成的。

乡村的过年与其说是土气，倒不如说是生机勃勃。因为不同于都市的过年，不如都市的春节那样看起来阳春白雪，所以倒是颇具了几番趣味。

我喜欢乡村的热闹和欢腾。谁家的鞭炮噼噼啪啪地燃放了起来，夜晚的天边即刻便会火红一片。有五彩斑斓的烟花绽放开来，唯美而绚丽，然而只是瞬间，便又消散不见。

在清晨的薄暮中，听到小孩子的哭闹声。又是谁家的小媳妇吵吵闹闹着，那是在和自己的老公撒娇吗？嗅到了饭菜的清香，噢，那是勤劳的婆婆已经备好的一桌饭菜。

“起来吃饭吧。”这时候，刚从睡梦中醒来的我，听到了老公熟悉的声音。

揉揉惺忪的睡眼，伸伸懒腰，仍想赖会儿床。然而，还是会很快爬起来，跳下热炕，快速认真地漱洗一番。再然后就是走去厨房帮婆婆端她早已经备好了的可口饭菜。

饭菜的香气氤氲在生着炉火的屋子里，那是最醇香的农家饭菜。菜式简单，看起来也并没有多么精致，但是如若夹一筷子菜放进嘴巴中，又总会品尝出不一样的香味来。那是原汁原味的菜香，不添加过多的佐料，最多只是放入菜籽油、食盐、酱油、香醋和一点点的五香粉，但是吃起来却格外清香。

一家人就那样热热闹闹和和美美地围坐在一张方形的木桌前吃饭，这时，小莹走了进来。

彼时的小莹是分外普通的。

扎着一根羊角辫儿，穿着一件红色的、俗不可耐的旧棉衣。说起话来，竟然是有点口吃的。

婆婆请她坐下来和我们一起吃饭，她却笑着拒绝了。

“刚吃过饭，我一早起来做的红薯稀饭……”小莹笑眯眯地这样说的时候，我看到了她的两颗虎牙。

那两颗虎牙，怎么说都是有点突兀的，实在是长得不够好看。就算是长在小莹那张其貌不扬的面庞上，也是如此的不经看。

小莹来婆婆家，只是要买几样小商品。

公公婆婆在家里开了间商店，售卖些小商品。尽是些日用品什么的，售卖的价格并不会多么昂贵，也就比批发价多上几分钱而已。用公公婆婆自己的话来说，那就是:“我们闲着也是闲着，不如进点小商品，方便大家……”

小莹说她要一袋食盐、一壶醋、一把挂面和几根蜡烛。

婆婆放下筷子，起身走出屋子，到隔壁摆放有小商品的小房间给小莹取商品了。

小莹并未跟随婆婆走出屋子，只是站在那里耐心等待。

那时候，我会在心里纳闷，为什么她不跟随婆婆出去呢？她看起来，似乎并不怎么聪明伶俐啊！

的确。后来婆婆对我讲起了小莹的故事。

小莹五岁那年得了小儿麻痹症，右腿有点不太灵便，仔细看就能够看出来她走路时候的略微跛脚。小莹这孩子真是不幸运，五岁时得了小儿麻痹，跛了脚不说，还在七岁那年死了母亲。小莹的母亲是在生孩子的时候去世的，胎位不正，难产，大人和孩子都没有保住……从此，小莹就和父亲相依为命了。要是小莹的父亲能够对小莹好一些倒还幸运，偏偏小莹的父亲又是个酒鬼，喝醉酒之后，常常会打骂小莹。小莹父亲是憎恨小莹的，他常常会大声骂小莹——唉，看我不打死你这个扫帚星才怪哩！

婆婆说到这儿的时候，眼眶是潮湿的。

而我，也听得一阵阵心疼，不由地就会伸出手来抹几下已经流出眼眶的眼泪。

小莹最初的故事，我只听到了那么多。

后来我们一家在大年初五那天返回了省城，从此，小莹似乎也渐渐地淡出了我的生活。

然而，这个世界上的许多事情，都似乎没有完结的时候。

某天，你和某个人邂逅，你以为，从此再也不可能有机会相逢，然而却会在后来的某天，你们再次相逢。并且，或许那样的重逢中，还带着某些难以置信的惊喜。

就像后来的某年春节，我再次与小莹相逢那样。

小莹再次出现在我的视野中，是在八年之后的春节。

那天是正月初二。

乡村的风吹得细小，初春的阳光格外温煦。

婆婆的小庭院中阳光普照，而我们一家子正陪着公公婆婆坐在阳光温暖的小庭院中喝着一壶普洱茶。

那是老公出差时从云南带回来的普洱茶，茶色透明，茶味醇香。

一边喝着普洱茶，一边有一搭没一搭地闲聊着。

约莫午后一点钟的光景，小莹领着两个孩子走进了婆婆的小庭院。

两个都是小女孩儿，大点的约莫七岁的样子，小点的大约三岁吧。两个小女孩儿都肤色白净，头发漆黑，眼睛明亮也格外净澈。

小莹除了领着两个小女孩儿之外，手上还拎着两样礼品。

那是春节时候大家都会争相去送的两样礼品。分别是陕西的驰名商标“红星软香酥”和“老安家点心”。

“婶子，我来给你们拜个年！”

走进小庭院的时候，小莹笑盈盈地对婆婆这样说。

我们赶紧起身让座。

但是小莹却摆手说：“不客气，都是熟人。”

最终小莹坐在了我身边的那个小木椅上。

“前些年多亏婶子帮助我们，也没有啥好报答的，只能在过年的时候来看看婶子了……”小莹仍旧笑意盈盈地说。

那天，小莹在婆婆的小庭院中坐了大约有一个多钟头，这才起身和孩子回了家。

我惊异于小莹的变化。看起来比几年前漂亮多了，不仅衣服得体鲜艳，发型也颇具特色，是时下城里刚刚才开始流行的韩式陶瓷烫。发卷不大也不小，染成亚麻色，分外自然地披散在肩头，看起来真是时尚。

或许是婆婆看出了我的惊诧吧。在小莹带着孩子离开之后，婆婆就对我讲述了小莹的故事。

婆婆说，小莹在几年前嫁给了一个四川人，那个四川人只不过是镇子上的修鞋匠而已。某次小莹去镇子上买东西，穿在脚上的一双黑色高跟鞋的一只鞋跟突然掉了，情急之下的小莹到处寻找修鞋匠，却难以找到。后来有个在镇子最繁华处摆摊的女人用手指给小莹，并说："喏，就是那边，在街尽头的那个小巷子里，就有一个四川来的修鞋匠……"那时候，修鞋匠即使是在并不繁华的乡野小镇上也已经格外稀少了，太多修鞋匠都已经不再情愿做这一行了。在经济浪潮的翻涌激荡下，还会有几个修鞋匠愿意操着自己的老手艺、走南闯北地混饭吃呢？

小莹顺着那个摆摊女人手指的方向一路走下去，到了那条街的尽头，再拐了一个弯儿，进了一条悠长悠长的小巷子。果然，在一户人家门前，她看到了一个年轻的修鞋匠。

那是个约莫二十岁的修鞋匠。虽然风吹日晒使得他的面庞格外黝黑，但是却难以掩饰他英俊的相貌。

恰好年轻的修鞋匠跟前并无客人，于是小莹便有些拘谨地坐了下来。她说："麻烦你给我修理一下这只鞋子，刚才走路的时候，鞋跟突然就掉了……"

小莹说这话的时候，都没有敢抬眼看坐在自己对面的年轻又英俊的修鞋匠。她格外拘谨，也非常羞涩，只是微微地低着头，小声这样对他说道。

"好啊。那把你的鞋子和那个掉了的鞋跟给我吧。"

于是，小莹那只掉了鞋跟的高跟皮鞋就被那个年轻英俊的修鞋匠的巧手修好了，并且修得迅疾且精良。

当小莹再次穿上自己的那双黑色高跟皮鞋的时候，欢喜的内心涌动着几许幸福，也快慰也自豪。

那之后，小莹还在那个年轻英俊的修鞋匠那儿修理过几双鞋子。

那年冬天，小莹的父亲突然离世。

死因是酒后骑着摩托车的时候连人带车都翻到了一条冰冻的河里……就再也没有醒过来。

小莹从此成了孤儿，一个十八岁的孤儿。虽然年轻，但却相貌平平，并且还有点跛脚。

村子里有好心的人接二连三地给小莹张罗着对象。小莹不好拒绝，也在他们的撮合下相过几次亲，然而后来都是无疾而终。

春天，小莹再次去修鞋匠那儿修理一双棕色皮鞋的时候，两人擦出了爱情的火花。

也许那一刻，他们的双手不该有所碰触吧？

也许那一刻，就在他们的双手碰触的时候，不该四目相对、含情脉脉吧？

然而，谁又能掌控那一刻的事件呢？

一切的发生，都是自然而然也顺遂天意的。

是天意让他们相遇，又是天意让他们有了更多的故事。那故事温馨浪漫，极为美好。

那是爱情。

对，那真的就是爱情，是小莹心里面翘盼了无数次的甜蜜爱情。

小莹做梦都没有想到，自己会在人生的某年春天，嫁给一个四川籍的年轻并且英俊的修鞋匠。

那是四月的一天，正是人间最美好的时节。许多花儿都开了，并且开得格外俏丽。空气中弥漫着黏稠且浓郁的花香，就像那年暮春小莹温暖幸福的心境一样，美好且甜腻。

他们的婚礼格外简约，只不过两人一起去小镇的民政局领了结婚证，又买了新衣服，坐在一家小饭馆里吃了顿饭而已。至此，小莹就嫁为人妇，过起了这个世间许许多多女子都会过的既凡俗也甜蜜的小日子。只不过，属于他们的小日子，来得格外不容易，也格外艰辛。

小莹离开了自己的那个家，他们一起离开了小镇去了县城。

他仍旧操着自己的修鞋手艺，而她却做起了生意。

最初只不过是在县城最繁华的街边摆了个凉皮儿摊点而已。然而，令他们没有想到的是，那个凉皮儿摊点的生意竟然十分火爆，天天排队来购买凉皮儿的食客络绎不绝。

就这样，一天天的，他们有了更多的钱。

小莹格外珍惜他们的这个小家庭，也格外珍惜那些来之不易的金钱。她仍旧每天都摆摊，和他一样，努力也用心地经营着两个人的小家庭。

一年后，他们有了大女儿。聪明乖巧的大女儿带给了他们更多的快乐和幸福。

几年后，他们又有了小女儿。

至此，小莹两口子更加幸福快乐了。

小莹变得更加能干了。她不再经营她的凉皮儿摊点了，竟然干起了托管这一行。

小莹在县城的一所小学附近租房子开了一家托管班，那可是县城里唯一的一家托管班啊。刚开始，小莹的心里也非常担心，究竟能不能赚钱呢？然而，很快事实就证明了小莹的决定是正确的。

托管班生意很好，而小莹也成为县城里大名鼎鼎的“女老板”。

现在，小莹已经在县城开了两家托管班了。由于她经营有方，又心地善良，只是用心地做事，管理好托管班的每一个孩子，给予他们真情和温暖……有天，小莹的托管班上了市电视台的新闻，并且她的事迹还被登在了报纸上，那整整一版的报纸上还配有小莹和她的托管班的照片。

小莹成为勇敢创业的“明星”。

小莹到底还是走出了偏僻落后的小乡村。

但即使小莹的事业做得多么辉煌耀目，她仍旧还是那个淳朴友善的农家孩子。虽然她洋气美丽了许多，也成熟高贵了许多，但是她依然还是念念不忘那些曾经帮助过她的人们，忘不了生她养她的小乡村……

婆婆在对我讲述小莹的故事之时，几次都掉下了眼泪。

我知道，那是激动的眼泪，那也是心疼的眼泪。因为遭遇过太多太多不幸的小莹终于成功了。

小莹的故事，使得我更加坚信：其实这个世界上没有谁可以一帆风顺，也没有谁天生幸运。成功常常都来自我们后来的努力。

我们需要勇气。

我们需要毅力。

我们更需要时刻葆有一颗对生活无比热爱也欢喜的心。我们需要对生活激情万丈，也不生厌倦，即便生活有时会格外苦涩，少有香甜，我们也该给自己的心灵画上一抹阳光，也给自己的味蕾蘸上一点蜂蜜或是撒上一点白糖。

又在两年之后，我听婆婆说，小莹的托管班已经开到了市里面。不是一家，而是好几家！

当有天婆婆在电话里对我这样说的时候，我真心为小莹点赞并且感到非常骄傲。那时，有幸福和欢喜潮涌过我的心头。

我想，大约所有认识小莹的人，都会为小莹而感到骄傲和自豪吧。

也正是小莹，太过平凡且普通的小莹，带给了这个世界上许许多多平凡普通之人更多的激励。

我想，我们应该像小莹那样，即便处于十分糟糕的境遇，也要扬起梦想的风帆，珍惜生命中的点点温情和爱意，敢于走出偏僻落后的小村庄，把自己丢进更加广阔也更加陌生的大环境。然后，再一点点地打拼，不退却、不抱怨、不怅惘，而是一再地咬紧牙关，让自己更加坚强，努力开创出更加美好幸福的生活。

祝福小莹，也祝福这个世界上独一无二的你和你们。

女人，当自强。

女人，当勇敢。

总有一天，你会在自强不息和勇敢执着中获得成功。并且，抵达自己梦想的世界，也令世人瞩目。

小镇姑娘

生长于北方小镇的欢欢是个格外漂亮的女孩子，一双水汪汪的大眼睛像会说话一样。几乎每个见过欢欢的人都会说同样的一句话，那就是：如此美丽的欢欢，真该当演员！

或许是从小听到这样的赞美太多了吧，小时候的欢欢的确分外虚荣。她并不肯安分于小小的乡镇生活了，心似乎变得十分狂野，想要插翅高飞起来，一直飞到世界上那个最美丽的地方。

欢欢美丽的容貌自然也导致了一些境遇的改变。比如，在她刚刚进入中学的时候，就被好几个男孩子所纠缠。最终欢欢和一个长相英俊的男孩子谈起了恋爱。

那是欢欢的初恋，更是一场彻头彻尾的早恋，轰轰烈烈刻骨铭心。对于二十世纪八十年代的乡野小镇而言，敢于早恋的青年男女毕竟还太少。而欢欢那时候也不过十五六岁罢了。欢欢虽然年纪尚小，却也能把恋爱谈得“轰轰烈烈”，翘课、逃学、喝酒、打架……所有这些事情，都是那时候的欢欢做过的。翘课是因为要跑到校园外面很美丽的地方谈场恋爱。

那是一年之中的春天或者秋天。乡野间氤氲着丝丝缕缕的花香和草香。小镇寂静极了，路边的柳树垂下数也数不清的柔软枝条，风儿吹来，那些柳枝就轻轻地飘舞，像是某些女子柔美动人的纤细腰肢，在清风中娇娇柔柔地轻轻摆动。

欢欢翘了课，坐上了那个男生的单车。那个男生一路吹着动听的口哨，载着欢欢去往他们想去的地方。

口哨是齐秦的《花祭》或者《大约在冬季》。欢欢听得心动，也会情不自禁地唱起来——

你是不是不愿意留下来陪我 / 你是不是春天一过 / 就要走开 / 真心的花才开你却要随候鸟飞走 / 留下来 / 留下来 / 你为什么不愿意留下来陪我 / 你是不是就这样轻易放弃 / 花开的时候 / 就这样悄悄离开我 / 离开我 / 离开我……轻轻地我将离开你 / 请将眼角的泪拭去 / 漫漫长夜里 / 未来日子里 / 亲爱的你别为我哭泣 / 前方的路虽然太凄迷 / 请在笑容里为我祝福 / 虽然迎着风 / 虽然下着雨 / 我在风雨之中念着你 / 没有你的日子里 / 我会更加珍惜自己 / 没有我的岁月里 / 你要保重你自己……

春日的清风扬起了他那微卷的短头发，而欢欢的秀发也被清风吹起，变得非常散乱。欢欢陶醉在春日的美好之中，爱情在那一刻像是诱人的迷迭香，令她甘愿迷醉沉沦。欢欢伸出手臂，紧紧地环住他的腰部，风吹过耳畔，于是他们的心也都甜成了春日最清甜的花瓣。偶尔他会停下单车，回头亲吻她。

那些美好的春日记忆，欢欢后来对我说：“我永远都不可能会忘记。”

秋的时节，更是乡野小镇最美丽的时节。果子成熟了，飘着丝丝缕缕的清香。农作物也成熟了，田野里是一派的橙黄。树叶变得瑰丽多姿起来，连天边的云彩也是非常耀眼绚烂。那是少有的美丽，天空蔚蓝，云朵素白，天际更加广阔清澈了。

他和她常会在秋天去距离校园很远的一条小河边玩耍。那是一条清澈的小河，河床不算很宽，水也不算很深，水深最多至他们的大腿之处。

如果天气晴朗，午后的他们，常常会牵手漫步在小河的路边。有时也忍不住一起下到河里。两个人一起在清澈的河水中嬉戏，伸出双手撩起白色的水花，也互相用水花扑打对方，欢笑声荡漾在河水的上空。他们一起在河水中玩耍嬉戏的样子，像极了一幅唯美生动的油画。

在小河的旁边有一片小树林。那是一片栾树林，静寂且美丽。

栾树的叶儿已经渐渐转黄，并且还在秋日一日日的深浓中变得枯黄且忧伤，一枚枚地随风飘落。于是，当他们牵手并肩走进那片栾树林的时候，他们的脚下，总是会铺上一层软绵绵的栾树叶子。既绚丽也温柔，黄得耀眼，也静得美好。

他们一起走在小河边秋天的栾树林中，总会忍不住相拥、亲吻。爱情的滋味，他们是过早地得以品尝。为此翘了课，甚至逃了学。

她喝酒，亦是为他。他受了点小伤，手被水果刀不小心划了一道口子。在和他几个朋友吃饭的时候，她自告奋勇地就替他喝下了几杯酒。那几杯酒，极其浓烈，她喝得头晕，不久她就醉了。但是她仍要替他喝酒。他被她感动了，在酒桌上泪湿眼眶。

打架，也是她在青春年少时候做过的事情之一。当然也是因为爱情了。她为他而打架。

那是几个高年级的男生欺负他。她知道后，不由分说就找到了那几个高年级的男生，彼时，他们正坐在教室里聊天。她就走上去，掴了他们几个耳光子……霎时，全班同学都被惊呆了。而她也从此便被叫作“不良少女”。

她和他的爱情，在小镇的那个学校里，被反复传播，并且越来越过分。有些同学甚至造谣她怀孕了，怀上了他的孩子……

二十世纪八十年代末，她和他离开了家乡，他们终于从那个乡野小镇逃离到了很远很远的地方。

他们是去了美丽也遥远的广州。他在那里打着一份工，挣着微薄的工资。而她，起初像个跟屁虫那样，不肯离开他半步，总是要依赖着他，才能生存下去。

后来的一天，他终于过腻了那样的日子。他对她发火，骂她骂得格外难听。她哭了，他却在她哭泣的时候打了她。她委屈地跑了出去。她流落在了广州美丽璀璨却也凄凉寂寞的夜晚街头。

直到那时候，她才终于知道，原来自己真的错了。青春不该如此度过。初恋总是美好，但还是应该将它珍藏在心底，只是珍藏在心底，不让它爆发，那样才最好。每个人都只有一场青春。虽然她十分懊悔，但是青春毕竟就那样被她挥霍掉了。半年后，她拥有了一份稳定的工作。那工作，其实只是给一个皮包厂打工。每天像个机器人一样地坐在流水线上，做着单调且乏味的工作，挣得一点薪水，来养活自己罢了。她不甘心，十分地不甘心。许多个夜晚，她都泪眼婆娑。那些眼泪中，有着对已逝青春的分外懊悔，也有着对父母的深深思念。

在难以自已的眼泪中，她终于知道自己该做些什么了。应该为自己攒点钱，做些更加重要的事情。想到这儿的时候，她开始计算起如果这样那样的节省节俭，一个月究竟可以攒下多少钱。虽然不多，一个月也能攒下五十来块钱吧。

她想，就这样慢慢积攒，总有一天，会攒到很多钱，自己也会因此而有了改变命运的机会，过上和现在不一样的生活吧。一旦这样想了，她就会行动起来。

于是，在两年之后，她就有了一笔在当时看起来并不算少的金钱。

她用那笔钱进了一批货物，摆起了地摊。

在没有摆地摊之前，她对那些街头摆地摊的人总是不屑一顾的，也总是打心底里瞧不起他们。

然而，当有天她不得不加入他们的行列之时，她才终于不再轻视那些为了生存而不得不在街头摆地摊的人了。

还好她的生意极好。所进的第一批货物很快就销售一空。紧接着，她又进了第二批、第三批的货，依然销售一空。就这样到开春的时候，她已经拥有了一笔数额不小的钱。这之后，她在广州的天河区开了一家小餐馆，专售陕西的饺子。

她说，没想到自己的运气那么好，饺子馆的生意真的很好，每天总有固定收入两千多元……从此，她便也在广州扎下了根。她的饺子馆后来越做越好。

再后来，约莫十年之后吧，她居然就在广州开了一家酒店。那是一家三星级的酒店，客人几近爆满，生意格外兴隆。前两年，我回到了故乡的小镇，就在我和一个同学走在街边的时候遇见了她。

她早已经变了模样，洋气得几乎令我们难以认出来了。她拉着我们的手，笑着说一定要请客。于是，我们三人走进了一家湘菜馆。她出手颇为大方，点了许多价格昂贵的菜。

我们吃得激情万丈，也聊得格外投机。她对我们讲述了自己的那些故事。

她说，其实我只是个小镇姑娘而已。虽然我成功了，但是我却终是走了一条曲折的成功之路。她轻声地叹息着，美丽的大眼睛依旧是水汪汪的，神情里面有几许幸福和几许自豪。

她的故事，令我的一颗心许久都不能平静。我想，我应该把她的故事记录下来，或许也有女孩子如她那样，也有过早恋，有过爱情的伤痛，更有过数也数不清、道也道不尽的坎坷经历，但是最终会有那么一天，她们能够获得成功。虽然她们也曾走过不少弯弯曲曲的道路。

谁的青春不叛逆，谁的青春不迷茫，谁在年轻的时候不曾犯错？

只是，如果有一天，当我们清醒了，当我们知道了其实本不该如此辜负自己生命中的大好年华之时，我们就应该百分百地用心重来。虽然或许人生中的那段锦瑟年华已然远去，但是也要竭尽全力地让剩余的人生熠熠生辉、不留遗憾！

让许多事情都在昨天告别，也让许多事情都在明天开始。我们应该看到心里的朝阳，也感受到心灵在某个时刻的真实疼痛。走过的路如果错了，那么就要及时纠正。人生那么短暂，为何不把生命过得更加精彩？

如果走了一段曲折的路，也不要气馁、不要抱怨，朝着自己选择的那条正确的道路，一直前进吧。尽管，那条前进的路上，仍旧会有乌云和雨雪，也仍旧会有泥泞和坎坷，然而总会有那么一天，我们会抵达，抵达我们心中千万次渴盼过的美好梦境。而那时候我们的面庞上，也会盈满无尽的欢欣和喜悦。

美好就在前方。丢掉昨天，迎接明天吧，就以我们最好最美的姿态。忘记伤口，只要看着前方天空的那抹彩霞，就好。风雨之后的彩虹只会更加美丽，请你们相信！

遇见美好的自己

三十岁的那年，小敏开始学习绘画。

那时候，几乎身边所有的人都在嘲笑她、讥讽她。

因为，毕竟她的年龄已经不小啦，最应该做的事情就是好好地找个人谈谈恋爱，早日成家，而并不是去学什么不能当饭吃的绘画。

小敏当然也听到了人们对她讥讽的话语，也看到了人们对她嘲笑的神情。

这个世界上，常常都会有这样的事情发生。并不是人人都能够理解你的所思所想、所作所为。小敏想，何况是我？

当然不喜欢妥协了——妥协于某件事，更妥协于某个人。

小敏总是有个性的，并且也棱角分明、持之以恒。对于她自己所认定的、认为正确的事情，她总是要努力地做下去，绝对不会轻言放弃。

也许，时下的许多年轻人正巧太缺乏一如小敏这样的努力和坚持，因此也才会有了太多的失败和沮丧。

年轻的心，始终都激动不已，也始终都会展翅高飞。哪怕前方有着多么泥泞的道路，哪怕有风雨雷电，依然不能阻止他们的勇敢飞翔。

而小敏便是这样。

小敏在三十岁这年的夏季才开始学绘画，竟然会在几年之后功成名就，大获成功。

小敏说，自己的成功一半源于坚持不懈的努力，一半源于自己所依赖和生存的这个好时代。

至于小敏所说的坚持不懈的努力，就不用多说了吧，因为那就是她一日日地坚持和练习。绘画是件极其令人烦躁的事情，也琐碎也细致，许多人都不能够长久地坚持。

也许看起来那好像是格外风花雪月的事情，好似一场唯美浪漫爱情中的阳春白雪，娇艳旖旎也姹紫嫣红，然而一旦学起来的时候，却又总是难上加难，无法抵达。因而许多人都会中途放弃，不再情愿孜孜不倦地勇敢攀登。

而小敏却不是。

小敏是坚定的，小敏也是执拗的。

又或许正因为如此，小敏才能旗开得胜，并且让自己在绘画的路上越走越远。

在这个世界上，并非每个人都会浑浑噩噩地活着，也并非每个人的人生都是乏味和无聊的。

就比如，小敏的人生就是意义明确也格外清晰的，至少在她对待自己心中所爱的绘画的时候，就是这样。

“喜欢的事情就要尽力去做好。”

“这个世界，对每个人都是公平的。”

小敏最喜欢这两句话了，她把它们写在自己的一个浅绿色的日记本上。

小敏三十岁起开始学习绘画，一开始学便十分迅疾地陷了进去。

有段时间，小敏竟然都忘掉了自己原先每晚都会坚持的事情，比如清洁肌肤、敷上面膜，然后睡个好觉。

一旦忘记了做这些事情的时候，小敏准是又把自己投入绘画当中。

买回来一沓画纸，从最开始的素描（静物素描、石膏素描、头像素描）、水粉（水粉写生）、速写等开始临摹和练习。

似乎忘记了时间，也似乎忘记了自己还有亲人在身旁。反正就只知道自己的光阴极其宝贵，根本容不得半点浪费。

小敏的绘画只是自学。她不情愿去报班学习绘画的主要原因还是因为手头太拮据并且没有时间。

“哪能花这个钱去学习绘画呢？但自己又是这样的喜欢绘画。还是自己独自学习吧。”

每当小敏这样想的时候，她就会想起我国著名的画家齐白石和世界著名的印象派画家凡·高。

她想，自己作为一个对绘画有着浓厚兴趣的人，真是应该以齐白石和凡·高为榜样。

小敏开始奋发图强，抓紧平时一点一滴的时间好好练习绘画。她想，人生如此短暂，生命如此宝贵，绝对不能浪费光阴，我们应该持之以恒并义无反顾地去做喜欢的事情，朝着最好的那个自己不断迈进。

也是从那个时候开始，小敏坚决地切断了自己与外界的一切联系。

小敏仿佛把自己关禁闭一般，把全部的精力和心思都放在了绘画上。

她网购了许多大师的画作，认真临摹也反复研究。

小敏似乎忘记了一日日光阴的默然流淌，也似乎忘记了日月晨昏、春夏秋冬的交替和转换。

世界在她面前变得狭小但也阔大起来。

或许如她这个年纪的许多女孩子更多的时候都是和恋人或者爱

人常常地缠绵缱绻在一起，然而小敏，却唯独与自己为伴。陪伴在她身边的，也许就只有那些大师们的绘画作品，以及她自己努力且用心画下的一幅幅作品了。

小敏有时候也会觉得自己很笨很笨。

那些时候，是她绘画失败的时候。

那些时候，也是她面临人生某个阶段最为幽暗的时候。任何人，都会有着这样的时候。厌倦、烦躁、忧伤、怅惘、沮丧、颓废，甚至是要一而再、再而三地自暴自弃了。

然而，小敏最终仍旧会走出那样的境地，让自己重新地看见光明。

小敏拉开窗帘，把清晨明亮美好的阳光请进屋子。

于是，她的世界便又有了几丝光亮，这是从未有过的明亮，是来自窗外的光亮，更是来自小敏内心的一种光亮。

是的，小敏就在那些光亮的照耀下，更加努力地奋发和坚守，朝着自己梦想的那个世界不断前行。

或许小敏也不曾想到，终于有天她获得了前所未有的成功。

那是在几年之后的某天，小敏收到了国内大型画展的邀请函。小敏被邀请参加国内大型画展，需要提供她自己的几幅画作。

小敏犹豫了一天之后，决定勇敢坚定地参加画展。

是的，她要参与，她一定是要参与进来的。

小敏要用自己的实力来证明自己的进步和提升。

几个月后的某天，小敏的参赛作品获得了很高的殊荣。对她而言，这是一种多么大的鼓励呢？

为此小敏又付出了怎样的艰辛和努力呢？

当眼泪一滴滴滚落而下的时候，当两行一如断线珍珠般晶莹的眼泪滚落下来的时候，小敏的内心感慨万千。

她并没有去擦拭脸庞上的泪滴。

这一刻，她需要释放。

这一刻，她也需要眼泪。

没有谁能够随随便便成功。

小敏也是如此。

这些年小敏放弃了许多，包括她对婚姻的渴望。这些年，小敏只潜心于绘画，淡忘了许多，也丢下了许多。

谁会知道无数个夜晚她的努力与付出呢？

记得有天晚上小敏认真作画的时候，突然停电了。怎么办？放下画笔吗？小敏想了片刻之后，还是决定继续画，必须得坚持画完那幅画啊！因为如果就此搁笔，那么后来再接着画也许就没有了当时极好的感觉了。小敏想，绘画有时候也像写作，是要一气呵成的啊！因而那天晚上的小敏并没有因为突然停电而放下画笔，她只是非常从容笃定地为自己那漆黑成一片的画室点燃了十几根蜡烛，所以后来终于完成了那幅画作，并且格外满意。

谁又会知道她心中无数次所翻滚的激越浪潮呢？

然而，一切终究有了最好的结果。

小敏终于成功了。她成为市里最有名望的青年画家。

小敏在她的绘画取得成功之际，圆了自己的一个美梦，那就是去了趟湖南湘潭，只因那里有齐白石纪念馆。对于一直都非常想去湖南湘潭齐白石纪念馆看一看的小敏而言，当她登上飞往长沙的飞机时，内心激情澎湃。也许当时她那格外激动的心情别人无法理解，但是小敏也无须他人的理解。自己就是喜欢并且钟情于绘画，也仰慕着齐白石先生的才情，因此飞去湖南长沙，再转乘长沙到湘潭的大巴车到"齐白石纪念馆"好好看看，也算是在绘画取得了一定成就之后对自己的最好奖励和犒劳吧。

当小敏冒着毛毛细雨来到位于湖南省湘潭市雨湖区大湖路 2 号的白石公园的时候，她的心情再度变得激动起来。而当她看到纪念馆大门额上由沙孟海先生所题写的那几个熠熠生辉的黑石镏金大字"齐白石纪念馆"之时，她的眼泪突然就流了下来。

那一刻的小敏真是满心感动啊！

小敏静静地站在展览柜前细看着齐白石先生遗留下来的那些极其珍贵的绘画、木雕、印章、诗文手札等作品，也在一幅幅年代久远的黑白照片前悄然驻足，那些照片分别记录着齐白石先生人生中各个阶段的风雨历程，拍摄真实的照片再加上感人至深的文字，足以打动每一个敬仰齐白石先生的参观者。

当小敏在几个小时之后慢步走出齐白石纪念馆的时候，清秋的湘潭秋意阑珊，细如牛毛的雨丝不知何时已经停了下来。齐白石纪念馆之外翠竹环绕，鱼翔浅底，格外幽静，而那些神情逼真的雕塑和格调优雅的园林相互交错，在仔细欣赏也用心感悟之际，总能令小敏想起齐白石先生人生历程中的那些精彩片段。一颗心，于是也就更加静谧而虔诚。

后来的某天，当再度被荣誉包围的时候，小敏仍旧还是哭了，她说："每个人都能够通过自己的努力获得成功。这个世界其实真的很公平，你撒下了几颗种子，只要你用心浇水、施肥，就一定会有收获，没有谁能够随随便便成功。所有成功的背后，都有滴滴滚烫的泪水、低头的默语以及坚持不懈、更持之以恒的付出。这一生，我们都该努力再努力，为了自己而努力，让自己的人生更加辉煌也更加瑰丽。”

小敏是我人生中又一个非常棒的女友。

我情愿把她的故事分享给所有人，也愿你们能拥有更好的自己。

来，一起努力吧，只为我们有天能够遇见那个最好的自己！

第三辑

把生命的每一天都过得精彩有诗意

我们所能够努力也用心做好的事情就是，好好地生活，把属于自己生命的每一天，都过得精彩有诗意……

她的故事，和花有关

红云从小就迷恋花草树木。

草木就像是她天生的好友。

红云在三岁那年就迷上了画画。一支笔被她拿在手中，三下两下随意地涂画，然而所成画作也都是些花花草草。

红云笔下的花草树木简直像是一个童话的世界。有些花草树木是现实生活中人们总能见到的，而有些就不是了，因为那些花草树木都是红云想象出来的。

有一种树是秃秃的样子，上面竟然没有一枚叶子，更不必说是令人欢欣并激动的绿叶了。

那时候，爷爷总会问红云，你画的是棵什么树呢?

红云只笑着回答爷爷，幸福树!

噢，幸福树——

连在这个世界上已经生活了六十多年的爷爷，也会为红云口中和笔下的这棵光秃秃的幸福树而纳闷。

究竟红云在想些什么?真的令人好奇。

然而或许，我们每个人都是有着一些奇奇怪怪的念头的。我们的思维不可能会被永久地禁锢，或是被强行地改造。我们需要属于自己的一片天地，那里有空气，有阳光，更有葱绿的草木和盛开的鲜花，而我们，就是喜欢在那片宽广美丽的土地上无忧无虑也自由自在地生长。

红云就是这样。

而红云说，自己感觉最幸运的就是，从小家人都顺着她，给她足够的自由和空间。他们极少干涉她的兴趣和爱好，以及她自认为的正确决定。虽然后来年岁渐长，也会觉得其实自己也总会有抉择出错的时候，毕竟我们每个人都只是这个世界上的凡人而已，又怎能不会出错呢？

红云喜欢在纸张上涂抹出各种各样的花草树木。

而在她随意画下那些花草树木之后的另一些时光里，则是她对这个世间所有花草树木的真情陪伴。

红云后来常常说到的一句话便是，我觉得那些花草树木，就是我最爱的情人。不仅此生，来世也是。

我听到她这样说的时候，不禁惊愕了。

又想，难怪红云能够在花草树木的绘画上有所成就。

可不是嘛！

红云正是凭借着自己对花草树木的兴趣，把自己彻底地融进了花草树木的那片天地。那是多么阔大美丽的一片天和地呢？大得无边无际，也阔得宽广无垠。

而红云，就是走在那片宽广无垠天地间的女神，至少于我而言就是这样。

红云在她三十五岁那年，出版了两本书籍。

一本是专写花草树木的散文集；另一本则是，专画花草树木的手绘集。

那是怎样的一种自豪和骄傲呢？在红云将这两本集子拿在手中的时候。

我总会想象这样的一幅场景——

红云面带微笑，手捧自己的两本集子，面庞上绽放着娇艳美丽的花儿。而她的身边，则是许许多多也风情也旖旎的花草树木。四月的清风吹拂而过，凌乱了红云柔柔美美也整整齐齐的发丝，然而红云却并不会去动手将那些发丝撩至耳后，她只是任由着它们一再地自由凌乱。红云给了风儿和发丝无边的自由，也给了自己更多的欢欣。而空气中，正弥漫着四月这个世间各种花草树木的清幽芳香。也绵长，也久远。

有些时候，世界会因我们而美丽。

而有些时候，世界亦会因那些数也数不清的花草树木而美丽。

红云说自己真是一个幸福满满的人。

是妙人？是能人？是美人？还是，还是闲人……

我对红云说着这句话的时候，口气里有赞美也有艳羡。也是，生存奔波于如此喧嚣也繁忙的人间，又怎能不羡慕她的悠闲或自在，况且她还在一派悠闲自在中成就了自己的事业。

而红云的事业，却并非人们口中总会念及的那些事业。通常人们口中所谓的事业、所谓的成功，似乎都是“高大上”的那种，听起来看起来都是格外光鲜耀目的。然而，红云的事业和成功，却看似细小也琐碎，并不够宏大，只是曼妙到格外动人而已。

这个世间，无论你做什么事情，只要肯踏实、肯用功就一定能够获得足够的成功。

其实，凡事无所谓大小，只要付出了，只要努力了，皆能有所收获。

而红云的事业和成功，便是这样。

有句话是这么说的——三百六十行，行行出状元。

是的，真是这样。无论我们做什么，无论我们干着哪一行，只要投入了热情和精力，只要我们肯持之以恒，就会有出来成果的时候。

虽然红云的成功来得并不算早，但是也并不算迟。

想想看，三十五岁，又是多好的年纪？

纵然，人生的所有年龄段中，三十五岁已经并不能够被列为最好的年纪，但是在红云自己看来，此时却恰好就是自己最好的一段年纪。

红云说，三十五岁的自己，懂得了生活、懂得了人生，也了悟了生命。

红云又说，也许早几年成功，自己会变得格外轻狂不羁，而如果那样的话，岂不是一种对生命的辜负和流年的浪掷？

红云踏实而沉稳，特别是在她三十五岁事业成功之后。

红云在三十六岁这年成立了自己的工作室——红云工作室。

夏日的某天，当红云把这幅写着“红云工作室”的匾额挂在她工作室的墙壁上时，我激动地走上前拥抱了她。

也许真是“人逢喜事精神爽”，的确，那天的红云格外明艳动人。

那天，红云请了一帮好朋友，在城南的某个极具特色的馆子里摆下了一桌酒宴。于是，我们大家欢聚一堂，为红云的“红云工作室”顺利成立而举杯欢庆。当然我们也是在为红云日后事业的蓬蓬勃勃、风生水起而举杯欢庆。

不仅是为了红云的事业而举杯欢庆，也是在为我们每个人的事业而举杯欢庆。

生活在一片蓝天下，游走在一座城市中，虽然彼此关系极好，但却总是难得有时间相聚在一起。

于是那天，大家尤为兴奋，也幸福也惬意。

酒喝了两大瓶，饮料和茶水也喝掉了许多，真的太久太久都没有这样欢聚过，更没有这样尽情放纵过了。

酒足饭饱之后的节目是唱歌，红云是那晚最美丽的歌手。

红云唱了一首她极喜欢的歌曲，当然也是我们每个人都十分喜欢的歌曲——《隐形的翅膀》。

每一次 / 都在徘徊孤单中坚强 / 每一次 / 就算很受伤也不闪泪光 / 我知道 / 我一直有双隐形的翅膀 / 带我飞 / 飞过绝望 / 不去想 / 他们拥有美丽的太阳 / 我看见 / 每天的夕阳也会有变化 / 我知道 / 我一直有双隐形的翅膀 / 带我飞 / 给我希望 / 我终于看到所有梦想都开花 / 追逐的年轻歌声多嘹亮 / 我终于翱翔用心凝望不害怕 / 哪里会有风就飞多远吧 / 不去想他们拥有美丽的太阳 / 我看见每天的夕阳也会有变化 / 我知道我一直有双隐形的翅膀 / 带我飞给我希望 / 我终于看到所有梦想都开花 / 追逐的年轻歌声多嘹亮 / 我终于翱翔用心凝望不害怕 / 哪里会有风就飞多远吧 / 隐形的翅膀让梦恒久比天长 / 留一个愿望让自己想象……

红云的一曲《隐形的翅膀》唱得我们每个人都感动不已。

人生之路，定是要努力拼搏并不断前行。而红云，此刻就坐在我们身旁的，格外明艳动人的红云，即是我们最好的榜样。

我想，此后的我们会在红云的带动和感染下，勇敢地走出属于自己的另一条路，而那条路上，也会有着荆棘和泥泞，但是最终，也会花香袅绕，阳光灿烂，一路平坦。

红云是这样令人动容的女子，也是这样美丽尊贵的女子。她执着于自己的喜好，不为世间的庸俗和喧嚷所躁动。

她说："其实任何时候，我都只想做好自己喜欢的事情，仅此而已。"

而我，也由此想到了生命中的许许多多。

比如，在我年少的时候，心中也有着许多美好伟大的梦想。我想要做好一些事情，把学习成绩考到最好。并且我也总是想要把一切的喜好全都兼顾起来，因此总是得不偿失。我就像《小猴子掰玉米》中的那个猴子一样，贪婪至极也可笑至极。我打开自己心中毫无边界的喜好和欲望，想要捕食许多，也拥有许多，然而到后来，却并无所获。那些我梦寐以求的成功，却都一而再，再而三地离我远去。后来某天我想起来的时候，才会觉得自己又是多么的可笑。

我曾想过要做一名医生，为这个世间的病人解除病痛；我也曾想过要做一名工程师，设计出这个世界上最美丽也最安全的桥梁，可以通往世界各地，也可以把不能逾越的鸿沟轻松跨越；我还想过要做一名画家，用手中的一支笔画下这个世界的所有美好，把美丽和温暖带给每一个人；我还想过要做一名园艺师，认真修剪出格外整齐也颇具创意的花木，更要把许多花草树木组成这个世界上最馨香旖旎也独具一格的图景；我还曾想过要做一名人民教师，教授给每一个学生非常渊博的知识，也让他们明白生命的真谛，把心灵装扮到最美最美……

或许，每个人都曾有过如我那样的时光。

我们会在人生的某个阶段走了错路和弯路，也会踯躅和犹豫，甚至陷入彻头彻尾的迷惘，究竟我们该如何走好自己的人生之路？究竟怎样才能做好自己喜欢的事情，最终获得人生的成功，或者就是某一领域的成功？

而红云的真实故事，恰恰可以告诉我们这个答案。

人生如梦，只是更多的时候，需要我们保持着一颗清醒的灵魂和孤独的心。

清醒的灵魂可以给予我们更多的思考，深思而非浅思。

孤独的心可以给予我们更多的深思和执着，令我们义无反顾地走向自己的成功之路。

关于深思，歌德就曾说过："所谓真正的智慧，都是曾经被人思考过千百次；但要想使它们真正成为我们自己的，一定要经过我们自己再三思维，直至它们在我们个人经验中生根为止。"

而培根也这样说："我们要时时注意，勇气常常是盲目的，因为它没有看见隐伏在暗中的危险与困难，因此，勇气不利于思考，但却有利于实干。因为在思考时必须预见到危险，而在实干中却必须顾及危险，除非那危险是毁灭性的。所以对于有勇无谋的人，只能让他们做帮手，而绝不能当领袖。"

关于孤独，切·格瓦拉说："我踏上了一条比记忆还长的路。陪伴我的，是朝圣者的孤独。我脸上带着微笑，内心却充满悲苦。"

除了切·格瓦拉之外，马克斯威尔·马尔兹和易卜生还说过这样令人深思和感人的话：

"能与自己娓娓而谈的人决不会感到孤独。"

"在这个世界上最坚强的人是孤独地只靠自己站着的人。"

而我想，红云之所以能够最终走向成功，成为自己想要成为的那个女子，还是因为她具备了一个成功者所应该具备的善于深思和习惯孤独的思维和品行。

红云的故事，给了我们温馨，也给了我们无尽的感动。

愿这个世界，再多些类似于红云这样的成功。而这些成功，无关庸常，也无关风月，只是所谓的，单纯且真正意义上的一种成功。

祝福你，祝福你们，这个世界上独一无二的美丽女孩，愿你们早日走向成功，成为最令自己满意的样子。

我的好友小华

小华是个性格活泼、开朗大方、相貌平平但却极具个性的女子。

早些年，我和小华曾经共事过一段时间，那段时间，说短也不短，说长也不算长吧，大约有四年的时光。

那时候的我，是有些不喜欢那段时光的。

虽然后来在小华辞职离开单位之后，我常常都会不自觉地回忆起许多，然而那时候，在我与小华共事的那几年中，我却并没有好好珍惜我们能够有缘相处在一起的、分外美好也短暂的珍贵时光。

或许人生就是这样，我们总是会对已经走远了的人，已经失去了的东西，又或者是已经消逝而去的时光，格外地怀恋，在后来的那些人生光阴中。然而就算我们再怎么怀念和留恋，那些美好的时光，也已然如流水般，一逝而过了。

和小华共事的那几年，我们两个就在一个大大的办公室里一起办公。办公室在一楼，不仅安静还很敞亮。有两个大大的落地玻璃窗，更令我们心生欢喜的是，窗外都是青青碧碧的广阔草地。要知道，在城市，在省城西安，这样的办公环境还是非常稀缺的，特别是在距离市中心并不算远的地域。

那时候，我和小华也都非常喜欢侍弄些花花草草。

我喜欢在办公室里面养养绿萝、铜钱草、栀子、茉莉、铁线蕨、银边吊兰、发财树、幸福树、常春藤、文竹和一些多肉植物。而小华则喜欢养富贵竹。小华对富贵竹的痴迷那可真是够深的。一盆富贵竹还不够，远远不够呢，她说。小华一共给办公室里面养了六盆富贵竹。依照她当时的说法那就是，“六”是个非常吉利的数字，既然吉利，那么就多来几个啦，所以我就是要多养几盆富贵竹。六盆吧！她说。因为六六大顺，那么六个六呢？那岂不是更要大顺啦……

小华这样养富贵竹的逻辑令我笑得双眼眯成了一条缝儿，也令我笑得弯下了腰。

那时候的我，自然不会听进去她的那些所谓“六”的逻辑之语了，我只是觉得格外好笑罢了。

不过，还好，我对于阿拉伯数字“6”还并不讨厌。怎么说，“6”也是有点像逗号，更像是豆芽儿的。而无论是逗号还是豆芽儿，它们都是我的最爱哩。一是因为我这个人比较喜欢文字，既然喜欢文字，那么就会常常用到逗号了，因而没有不喜欢逗号的理由。二是我这个人还是比较注重养生的。既然注重养生，那么就不能不提到豆芽儿了。豆芽儿是黄豆泡制的，而我对黄豆也是由衷地心存感恩和格外喜欢的。小时候在故乡生活，家里仅有的一亩三分地里，每年都会种植上一点点的黄豆。母亲说，黄豆可是好东西啊，那可真是宝贝呢，俗话说，十颗黄豆能顶一个鸡蛋。想想看，那个时候，全中国的物质都相对匮乏，哪儿会有那么多的鸡蛋呢？而一家一户十天半月能够收到一个鸡蛋，那就已经相当不错了。因此，黄豆的价值可想而知。并且，黄豆是那么可口美味。用黄豆加工而成的食物都是那么诱人，从豆浆到豆腐脑，再从豆腐脑到豆腐，甚至豆腐干……啊，那可真是太好吃了，令幼小的我在一想起来的时候，就会垂涎三尺……更何况，我那巧手贤惠也分外美丽的母亲，常常会给我们姊妹几人炒黄豆吃。母亲炒的黄豆呀，那叫一个脆、酥、香，放进嘴巴中，只听“咯嘣”一声，人就完全沉溺进了黄豆的豆香中。而那样的豆香，又是非常袅绕悠长的，似乎总是意犹未尽的。

也因此，我渐渐地开始喜欢上了小华养在我们办公室中的那六盆富贵竹了。我也每天都不会忘记去看看它们，给它们修剪修剪偶尔生发出来的、渐渐枯黄了的枝叶，也给它们浇点水，静静地看着它们一点一点地茁壮成长。

小华当时就把那六盆富贵竹分别摆放在了我们办公室的不同位

置。比如，她会在我们两个人的办公桌上都摆放两盆富贵竹。一盆在左前方，一盆在右前方，意为“左右来福”。这当然还不够，她还会给我们两个人的办公桌后面，也分别摆上两盆富贵竹，意为“后方来福”。小华还给我们办公室的两个大大的玻璃落地窗那儿也各自摆上一盆富贵竹，意为“时时来福”。

也许正是应了小华那时候关于富贵竹的摆放和寓意，果真在我和小华共事的那几年，我们两个都事事顺意也幸福安康。

不过那时候，小心眼儿的我也是和小华闹过矛盾的。比如有次年底公司加薪的时候，给小华多增加了一百元，比我高出了一百元工资的小华很默然地坐在电脑前绘制图表，而我却分外生气。气一直就那样憋在我心里自然也不好，痴迷于养生的我自然也知道“气大伤人”的道理，因此，憋在我心里面的气是一定要让它们释放出来的。然而，我又该如何释放那些憋在心里面的气呢？我想了一个极妙的方法，那就是把那股子气全都撒给小华。于是，我故意在走出办公室的时候，砰的一声，摔出很大的关门声。而我在走进办公室的时候，亦是会弄出比平时要大出好几倍的动静。甚至，我还故意地摔了几样东西，还有意地给小华找点碴儿，也给她点颜色，拉个脸儿什么的……唉，如今想起那时候的我，可真是并不那么招人喜爱啊。

然而小华却是大度的，她并没有因为我的小心眼儿而和我计较什么。她照旧每天都乐呵呵地和我说话，照旧每天都踏踏实实也兢兢业业地工作，照旧每天早上一来就马不停蹄地把办公室的卫生搞得干干净净、彻彻底底，也照旧每天都会把我们办公室里所养的那些花草绿植侍弄得精精神神、碧碧绿绿和一尘不染。

小华在三四年之后不得不辞职回老家。

那是因为一件不幸的事件。

小华的家远在江苏，而有年春节刚过完，小华的母亲就被医院诊断为肺癌晚期……

小华有天突然哭泣着对我说，唉，我不得不辞职回江苏了，我妈她病了，并且病得很重很重。

我当时一听就蒙了。

那时候的我自然是舍不得小华离开的。

然而，患了肺癌的人毕竟是小华在这个世界上最亲最爱的妈妈啊，我自然得对小华说，那就尽快办理离职手续，赶回家照顾陪伴妈妈吧！虽然那时候的我，心里面是那么舍不得小华离开。

小华与我那样的一别，就是十几年的时光。

我总不会忘记我和小华分别的场景。

那是古城西安的早春时节，虽然也阳光明媚，但是空气中依然还有着微微的寒冷。

刚刚落过一场春雪，地面上的冰雪还并未完全融化，似乎冬意还在，也仍旧冷冽。虽然也可能已经有个别的垂柳悄悄然地抽出了几枝嫩嫩且簇新的青绿柳条，但是微微的寒风刮在脸颊上，还是有着刀子般的锋利。人们走在街边，也依然会不自觉地就裹紧了还未脱下来的棉衣。

我去火车站给小华送别。火车站旅客非常多，拥挤也喧嚷，很令我不喜欢。

小华背着一个大大的行囊。

我购买了站台票送她。

火车就快要进站了，我和小华并肩站在那里，心情沉重也沉默无语。

大约几分钟后，也就是火车就要开过来的时候，小华突然就拉着我的手说："这一别也许咱们这一辈子都再难见面了……"

她的声音里，有着几许哽咽和沉重。

而我，也忍不住流下了伤心的眼泪。

我沉默且寡言地站在那里，双手被她紧紧地握着，却并没有多说什么。

其实那一刻，在我的心里面是有着千言万语的，然而即便有着千言万语，也难以诉说当时我们之间的离别之情啊！似乎，所有的语言在那一刻全都显得格外苍白且无力。

共事的三四年时间里，有过多少欢笑，又有过多少感动呢？

那些难忘的瞬间，将是我们这一辈子也忘不掉的珍贵记忆啊！

小华离开古城西安回到江苏之后，我们果真就没有再见过面。

就在她赶回江苏老家之后的第三个月，她的母亲，那个长相美丽、和蔼可亲并温婉贤惠的女子就去世了。她去世的那天，听小华后来说，距离她的四十二岁生日仅仅只差三天了。

小华的人生从此便也多了很多艰辛与坎坷。

小华的父亲很快就安排小华去相亲，而那时候，小华才不过二十一周岁。就在小华二十二周岁生日来临的前夕，小华嫁给了一名人民警察。

婚后的小华也颇为幸福，老公也待她极好。然而，好景并没有太过长久，婚后才半年，小华的老公就在一次出警办案之中英勇牺牲了。他是在追捕一个杀人成性的歹徒时，不幸被其用一把锋利的长长尖刀刺入了后心……鲜血瞬间就染红了衣衫……而小华从此，就又失去了她的另一个亲人。

那时候的小华，已经怀有身孕。很多人都劝小华趁早改嫁算了，就在孩子还没有出生前。或者干脆把孩子拿掉算了，毕竟孩子的爸爸已经不在人世了。

然而小华却并没有那样做。

小华不但没有改嫁，而且还和以前一样格外悉心地照顾着婆婆和公公，并且几个月后的小华还毅然决然地生下了那个孩子。

那是一个长得非常乖巧伶俐的小女孩。

小华后来还通过微信给我发过小家伙的照片，大大的眼睛水灵灵的，脸庞直到 6 岁的时候还有着极其明显的婴儿肥，而唇角还有着两个迷人的小酒窝。笑起来的时候，真是可爱至极，也迷人至极啊。

身为女性，身为人妻，也身为母亲，我当然知道一个女人独自带着孩子的各种艰辛了。

别的不说，单是每日里放学上学接送孩子，就够累人的了。还要给孩子辅导作业、检查作业、到学校去开家长会……当然，还有每天都要给孩子做可口的饭菜、洗衣拖地、料理家务。每天都是睡得比谁都晚，起得比谁都早。不断付出，又总是无怨无悔、任劳任怨的，当然，还要每天出去工作，不出去工作，又怎么养活孩子，怎么养活这个家啊！

在艰辛坎坷的人生漫途中小华好不容易邂逅了一个感觉极好的人，那是个真正的可心之人，也理解人，也疼惜人，当然也气质超凡，一表人才，工作也好，可以说是无可挑剔、非常完美的一个人了，并且还很适合她，两个人也是情投意合、心心相印的。然而，一旦想到如果孩子不喜欢那个人，一旦想到将来或许嫁给他，他对孩子没有耐心，并不会善待自己的孩子，便决定放弃了。

她放弃了一个男人，一个格外适合她，也非常优秀，非常懂得她疼惜她的好男人，放弃的原因只是因为孩子。

小华说，不怕一万就怕万一,万一将来他对孩子不好又该怎么办呢?

于是，小华便只好泪流满面地放弃了。

为了孩子，最终她还是真的下定了分手的决心，铁了心——必须分手。无论那个他怎样地不肯，甚至是怎样地乞求她，她都铁着一颗心，冷若冰霜，也异常决绝。

就那样，那次分手之后，小华就再也没有找到过适合自己的另一半。

还有，同事相约一起出游，小华每次都是放弃。

不去，我不能去啊。如果我去了，孩子又该怎么办？毕竟是女孩儿，如果是男孩儿，也许还我能够放下一颗心出去游玩，但是女孩儿，我得陪着她，保护她，千万不能粗心大意啊。

小华就是这样尽职尽责地做着母亲，当然，小华是这个世界上又一个格外伟大美丽的母亲了。

除此之外，小华的工作也做得很出色。

在单位，小华从最底层的普通文员一步步做到了经理，几乎年年都被评为“优秀管理者”。

这其中，小华又付出了多少，大约也唯有她自己才能够知道吧。

小华说，在单位，有很多年轻女孩子都羡慕她，说她事业上真是一帆风顺的。然而，年轻的她们，又怎么能够知道小华当时的那些无人可比也无从说起的努力打拼和艰辛付出呢？

小华如今事业上是风生水起，而生活上也是。

我和小华虽然因为距离遥远、工作繁忙而未能见面，但是我们却常常通过十分便捷的微信和邮箱，非常清楚地知道了彼此目前最为详尽也真实的生活状况。

现在的小华真的一切都很好。

女儿去年顺利考入了北大的中文系。而她也并没有因为岁月的匆匆流逝而变成黄脸婆。是的，照片上的小华依旧风韵犹在、活力四射。虽然算不上貌若天仙、倾国倾城吧，但是却因为有着不同于他人的丰富阅历和学识涵养而显得气质优雅、颇具风姿。

那是厚重岁月赐予小华的最好财富。

低调且平凡的小华有着十分迷人的强大气场，每每我看到她照片的时候，就会被她给完全迷醉。那是一种内在的迷人气质，并非外在的奢华和张扬所能够比拟的。并不需要高声说话，也或许只是沉默不语，竟然就可以将人心乖乖地俘虏，让人心甘情愿地臣服于她。

而我，就是那样地喜欢小华那种迷人强大的气场。

我情愿被她所迷醉。我也情愿做她长久的、永远的、一辈子的朋友，那是闺密，那也是挚友，无法取代，更无法摒弃。

小华，她是我女性朋友当中颇具魅力的一位，气场强大、足够优雅、气质迷人，更谈吐不凡。

况且，她还阅历丰富，温婉贤淑。

我常常都会为自己此生能够拥有这样迷人且优秀的女友而深感荣幸，并且骄傲自豪。

祝福我的女友小华，愿她此生永远幸福，没有一丝烦恼。

擀面条的女人

在古城西安城墙下的某个菜市场，我认识了一位大姐。

她出生于二十世纪六十年代中期，大我不到 10 岁，然而却阅历丰富，人生坎坷。

记得那是个初冬的周末，我在晌午时分去外面漫步，走着走着，竟然就不自觉地来到了城墙下的菜市场。

那时候，我忽而会在心里想，或许是我这个人太恋家了，又总是对美食有着无法拒绝的深情，这一生都无法辜负的恐怕就唯有美食了吧……因而我才会在不知不觉间就走到了城墙下的菜市场。

彼时的菜市场，多数菜商都有点迷迷瞪瞪，该是午饭后休息的一段时光了，即便是每天都守在城墙下菜市场上的男女菜商，也应该有属于自己的一段午休时光吧，在日复一日的时光流转中。

其实，我也并不是要来采买鲜菜的，我只是不由自主地就走到了菜市场而已。

毕竟，菜市场是我除去花鸟市场、布匹市场、家具商场之外的又一个比较喜欢的地方。

我喜欢菜市场那些各种各样也色彩鲜亮的菜蔬，有的水汪汪的，有的格外灵秀，或红或绿，或黄或紫，或橙或白，像是谁家待嫁的新娘，就那样安分美好并寂静地待在那里，专等着她的如意郎君来用“小轿子”将她抬回家似的。

无论何时，只要一看到那些水灵灵的各样菜蔬，我就会食性大发，也总会在内心里无法遏制那一波又一波的厨娘之心，在心里计划着为夫君和小女做点什么好吃的。比如买上一个浑圆的包菜，给他们做成蒜蓉清炒的或者手撕包菜，滋味清淡却也营养丰富。再比如，买上几根鲜嫩碧绿的黄瓜，回家迅速洗净去皮，然后只用刀背轻拍几下，盛入青花瓷的盘中，撒上少许精盐、蒜茸、绵白糖、黑芝麻，再滴上几滴小磨香油、岐山香醋以及陕西特色的油泼辣子，搅拌均匀之后，就是一盘格外爽口诱人的家常菜了。还有圆圆的紫茄，买上两个回家洗净削皮，切成喜欢的菱形或者方块状，并不用过油，只是和西红柿、青椒入锅翻炒，也一样可口至极。洋葱也是必不可少的，切成片状，配以青椒红椒，还有切成薄片的五花肉，入锅大火翻炒，待到快要炒熟的时候，再放入少许黑木耳，入盘之后，色彩艳丽，五彩缤纷，但更妙的则是它的味道，那可真是色香味俱全呀，这道菜我做过许多次了，家人都是百吃不厌。即便是最平常的土豆，买回家洗净之后削皮，用刀切成十分均匀的细丝儿，然后配以葱、姜、蒜、辣椒丝，再放入少许泡椒，大火翻炒之后盛入盘中，也真是好滋味呢，虽然看似太过平常，但是其可口的滋味却真是难得啊。香菇也极好，买了回家和青菜烧着吃，或者是和肉一起烹炒，味道极鲜。胡萝卜、白萝卜当然也可以生拌着吃了，切成非常均匀的细丝儿，不需要一滴酱油，只需要香醋、精盐、香油就足够了，最多只根据自己的口味再添加一丁点的辣椒油，搅拌均匀端上饭桌，是喝粥的必备之菜。当然还有很多菜蔬都是我所喜欢也常常都会购买的，如四季豆、儿菜、南瓜、山药、紫薯、大豆芽儿、小豆芽儿、鸡毛菜、苦菊、荠菜、韭菜、冬瓜、青笋、芦笋、秋葵等。我喜欢将它们买回家，慢慢地、仔细地做出色香味都分外诱人的美味来。

然而那个初冬的晌午，我却并没有在城墙下的早市上采买一棵菜蔬，因为前一天我已经采买了一大堆，冰箱中早就已经放不下了。

但是我却仍旧慢慢地溜达在菜市场上，并不急于离开那里。就算是不采买任何菜蔬，只是随意也任性地漫步，内心也是格外舒畅欢愉的。

我看到那些有点犯迷瞪的男女菜商，觉得还是尽量放轻脚步，不能惊扰了他们的午休。

轻轻地走过菜市场最为繁华的地段，就在快要出菜市场的时候，我突然看到了一个令我非常欢欣激越的场景。

那是一个多少有点怀旧也有点奇异的场景。

一个中年妇女，正站在一张大大的木质案板前，双手不肯停息地擀着一团面。其实那团面已经被她擀得格外薄也分外大了，但是她依然还在十分认真并且用力地擀着。

她的双手格外灵巧，一边来回滚动擀面杖，一边用一只手时不时地抓些面粉撒下来，那一把面粉被她以非常迅疾的速度撒下来，又十分均匀地撒落在了正在擀着的，大且圆的面饼上。我知道，往擀开的面饼上撒面粉那是必须的，是手工擀面时必须要做好也要做到位的一件小事儿，虽然是件小事儿，但是也极其重要，因为它会影响到即将擀好的面条入锅是否会清清爽爽。如果那几把面粉撒得不够均匀，或者是撒得少了，那么在面条入锅煮的时候，就很有可能会缠绕成一个疙瘩，至少会有那么一些面条是粘连在一起的，令你煮熟之后捞进碗中吃的时候格外愤怒，却也无奈，扔了吧，怪可惜的，然而倘或真的要吃了，却又有点半生不熟，而且也无法搅拌均匀，真是令人叹息不止也烦心不已啊！然而倘若那几把面粉撒得多了，就会在面条入锅去煮的时候将锅里的面汤变成“糨糊”，于是，那一锅正在煮着的手工面，就可想而知了……即便后来勉强捞出来，也非常难吃了，早已经没了手工面的可口和筋道。总之，在手工面的擀制过程中，这道小小的撒面粉的工序同样十分重要，马虎不得，也必须得要把握好才是。

说这一场景是怀旧的，它也确实是非常怀旧的。因为在而今的都市里，真的很难邂逅或者寻觅得到这样的场景了。毕竟而今的时代，凡事都讲究一个“快”字，无论是对待什么事情，人们都是在讲求一种“效率”。因而，谁还会去擀面条呢。大家已经习惯了食用机器（压面机）压好的面条，或者是买上几把手工甚至机器加工好的干挂面，再或者去超市购买现成的手擀面……我是说，而今真的极少再会有人愿意慢慢地去擀面条了，因为毕竟擀面条是颇费精力也格外麻烦的一件事情。首先它的工序就很麻烦：要和面，要揉面，要醒面，还要用力来擀面，最后当然还得用刀来切已经擀好了的面……

因此在我看到那个中年妇女擀面的场景的时候，心里面突然就会涌起一种感动。那是亲切也是怀恋，更是欣慰。

想想看，离开故乡几十年的我，几乎再也没有吃过母亲的手擀面了。儿时母亲总会为我们一家人擀面条。母亲擀面条擀得欢喜也快慰，并不会觉得很烦琐很疲累，因为母亲的心中盛满了一腔对我们的深深爱恋，所以母亲每每擀起面条来都是快快乐乐也满面欢喜的。母亲把对我们一家人的深爱全都擀进了她的面条里，所以，那些年，我们吃了母亲所擀的面条，只会觉得真香啊！的确，那就是我们吃过的最香最香的面条了，而今母亲年纪大了，手脚都不灵便了，就再也没有吃过母亲的手擀面了。

想起这些，我只能对那个正在冬日寒风中低头默默也认真努力擀面条的中年妇女生出无限的亲切和敬佩。

于是，我情不自禁地就朝她走了过去。

我先是站在那里看她擀面。

后来，坐下来和她闲聊。

当然我最后也买下了她刚刚擀好的几斤面条。

不聊不知道，一聊吓一跳。

因为她的经历极为坎坷。

她说她没有见过自己的亲爹亲娘。刚刚满月亲爹亲娘就在一场车祸中去世了，于是她便被好心肠的邻居所收养，长到不到 20 岁的时候，就远嫁了。那样的远嫁是跨省的远嫁。她的家乡是在河南，但是她却被嫁到了陕西关中。所嫁的那家人在当时还算不错，家境也还算殷实，然而没过几年，一切就都改变了。先是公公的卧病在床，再是婆婆的半身不遂，于是，她便成为家里付出最多的那个人。丈夫外出打工，一走就是一年，孩子又都太小。照顾行动不便且年纪已大的公公婆婆的重担自然就落在了她一个人的身上，还有两个调皮捣蛋的儿子。当然还有似乎永远都无法干完的，各种各样的繁重农活……她说，那些年，她真是累坏了，后来想起来都不敢相信自己竟然会那么能干。不过也因为那时候的拼命干活和不肯歇息，身子落下了一些病症。比如常常都会感觉腰痛，脊背也会有隐隐约约的疼痛，还有双腿站得久了或者坐得久了都会不舒服，有点酸酸痛痛的感觉。

她说，正是因为这样，她才没有办法像村子里的其他女人那样，在土地变得越来越少的时候，外出去寻一份工作来做，为了生存，她也只能每天风吹日晒地在菜市场上擀面条了。

她又对我说，她所擀的每一团面，至少都在8斤以上，因此擀开一团十几斤的面块，那是再正常不过的事情了。我听得颇觉惊讶，真的没有想到，原来她用双手一点点费力擀开的那一团面，竟然会重达十几斤。

这样听着她的讲述，再在心里想着那一团她正在手里擀着的面团，再听听耳畔呼啦啦的风声，看看天空中的冬阳，我就知道她日常生活中的各种艰险了。也许对她来说，手工和面、揉面、擀面并不是多么辛苦的事情，然而对于我们而言，这些事情又的确是非常非常辛苦的。

小时候，我站在大大的木质案板前看到过母亲擀面条，那时候只是觉得格外好奇而已，觉得十分好玩，也总是想要尝试尝试。而那时候如果对母亲说，我也想擀面条呢。母亲就总会笑着对我说，你还小，等你长大了再擀面吧……于是，幼小的我便会在日复一日的岁月里盼啊盼的，盼着自己快快地长大，好能够像最亲爱的妈妈那样，每天站在一个大大的木质案板前，面带笑容地擀面条了。然而后来真的长大了，也真的学会了擀面条的时候，却又会觉得其实站在一个大大的木质案板前双手滚动一根擀面杖来擀面条是多么枯燥又乏味啊。真的好没趣儿，也非常累人，还不如干点别的事情哩。

而今母亲年事已高，当然我们是没法再吃到母亲手擀的面条了。倘或想吃面条的时候，也是去面条店购买压面机压好的现成面条回来煮熟吃。当母亲想吃面条的时候，我们也是这样买了回来煮熟了给她吃。我总会记得，当有天我如往常那样给想吃面条的母亲煮熟了一碗压面机压好的形如韭菜叶儿般的面条的时候，母亲那苍老的面庞上流露而出的是几许淡淡的感伤。那时候的我，自然不会想到，或许母亲就是因为没有吃到我亲手擀的面条而心生感伤。因为，手擀的面条不仅仅好吃、耐咀嚼，而且还分外筋道，更重要的是，那些手擀的面条里面还蕴含着机器制作而成的面条中所没有的东西。那是许多的感情，很深情、很浓郁的，发自我们内心深处的令人动容也难忘的感情，而机器毕竟只能是机器，它们最多也就是被我们人类所操纵，非常乖巧听话地去履行着属于它们自己的使命和职责而已，又怎么能与我们人类勤劳的双手相媲美呢？

如此想来，手擀面真是太珍贵了。也由此，我会自然而然地想到更多她的不易，她每日风吹日晒，既要忍受季节的转换，天气的酷热或者寒冷，又要时常站在那里，甚至在忙起来的时候，连喝杯水的时间都没有。

我还在想着关于她的日常生活以及手擀面条的许许多多之时，她又对我说起了她的孩子。

她说她有两个儿子。老大今年已经读大二了，眨眼间就要面临择业就业了。老二才读高中一年级，学习功课相当紧张。而照顾年迈的婆婆仍旧是她每天都需要做的事情。白天她在菜市场卖手擀面条，晚上则要悉心地照顾卧病在床的婆婆。

聊到大学即将毕业的大儿子的时候，她的神情中明显多出了几许自豪和骄傲。她说："我并不想让他过早参加工作。如果他毕业时学业优秀，那么我还想让他继续深造哩……"当我问她为什么的时候，她笑着说："因为我不想让他学识太浅薄啊。毕竟多学点知识才能更好地驾驭生活呀。"她也说她常常会对两个儿子说："你们一定要抓紧时间好好学习哩，可别像你妈这样，没有学到啥知识，到头来就只能天天风吹日晒地在菜市场上擀面条……当然，我这样说并不是瞧不起下苦人，只是想要激励孩子们好好学习，希望他们将来能够多学点知识，拥有更好的人生和更加广博的世界，也对社会做出更多更大的贡献而已……”

“我情愿让自己多受点累，多吃点苦，也一定要我的两个儿子有所成就，如果有天他们生活得很好，也幸福也快乐，那么我这个当妈的就会感到无比的幸福和满足……”她后来还对我说。

我听得非常感动，有那么一刻，我竟然不自觉地就流下了眼泪。

在我悄悄然转过身去擦眼泪的时候，她的案板前也恰好走来了好几个前来买手工面的顾客，因而我擦拭眼泪的细节她并未注意到。

那个初冬的晌午，我觉得颇有收获。

虽然也是外出溜达和漫步，但是却有幸和一位大姐相遇并且深聊了很久很久。

她让我对人生有了更多的了悟和珍惜，也怀想也感动，静静地坐在那里和她闲聊，仿佛是给我上了一堂精彩无限也奇妙无穷的生活课一样，只是那堂课的精彩和奇妙之处，也唯有真正珍爱生活也怀揣着一颗感恩之心、更情愿细味人生的人，才能够更好也更为深刻地感悟吧。

或许在我们的身边，在凡俗的尘世中，还有着太多的一如大姐那样的女子，她们相貌平常，也没有显赫的家世，生活也并不那么一帆风顺、万事如意，然而她们却始终都有着一颗饱满也丰盈的心灵，热爱生活也积极向上。因而最终，她们大都能够成为庸常生活中的佼佼者。

因为我想，那些她们所经历过的数也数不清的苦难，恰好就磨砺了她们，使得她们越来越刚强，也越来越丰盈，越来越光彩熠熠。

她们的人生之路，虽然艰辛，但是也会如珠光宝翠那般，闪闪烁烁出格外熠熠生辉的光亮来，也璀璨，也迷人。

而我就情愿被她们给迷醉，也在其中，更好地了悟人生，也看透生活。

祝愿大姐一生都能够平平安安也幸幸福福。

这个世界上独一无二的自己

西岭喜欢摄影。

迷上摄影是在五六岁的时候。

有天，父亲带着她出去旅行，那是真正意义上的旅行。离开家，去往遥远的地方。

是距离省城很远很远的地方，是另一个城市，一个北方的城市。

西岭虽然年纪还小，但是却并不会感觉疲累。

真的是这样，不仅仅不会感觉疲惫，她甚至还会格外兴奋。

那是怎样的一种感觉呢?

那是一种十分美妙的感觉，也幸福，也快慰。

西岭那时候觉得自己就像是一只小鸟，欢喜极了，也雀跃极了。

她跟在父亲身后，蹦蹦跳跳，快活得无法言说。

父亲给她唱起一支歌儿来。是她十分喜欢的歌曲——《快乐老家》。

跟我走吧 / 天亮就出发 / 梦已经醒来 / 心不会害怕 / 有一个地方 / 那是快乐老家 / 它近在心灵 / 却远在天涯 / 我所有的一切都只为找到它 / 哪怕付出忧伤代价 / 也许再穿过一条烦恼的河流 / 明天

就能够到达 / 我生命的一切都只为拥有它 / 让我们来真心对待吧 / 等每一颗漂流的心都不再牵挂 / 快乐是永远的家……

歌声飞扬起来，歌声也缥缈起来，似乎是要穿过时空，飞跃到更加遥远也宽阔的一个世界。

那时候，那情景，西岭想，永远都会是她人生中最为美好的回忆。

父亲给西岭拍摄了许多照片。

跑着的西岭。

跳起来的西岭。

坐在那座遥远城市椅子上的西岭。

以及徜徉在公园、游弋在海水中的西岭。

身旁的绿树红花、蓝天白云，以及各种各样的景致皆是美好的、生动的。西岭喜欢极了。

父亲还拍摄了一些纯粹的风景照。

有天空，有飞鸟，有海洋，有轮船，有山峦，有草地，有人群，还有太多太多在小西岭眼里真正美好到极致的风景。

西岭及至若干年后再翻看那些照片，也仍旧会内心澎湃不已，欣悦不已。

西岭知道，那段时光，也真的就是自己和父亲出门旅行时光中最为幸福、甜蜜和快乐的好时光。如此珍贵，也如此久远。

也是在那时候，西岭迷恋上了摄影。

西岭一直都觉得，这个世界上，唯有自己的父亲才是最好的摄影师。

父亲理解她、呵护她、宠溺她，但也会鼓励她、赞扬她，给她自信和勇气，让她努力地成为更好的自己。

在小西岭迷恋上摄影的时候，父亲并未阻止她、干涉她。

父亲同意让她玩弄一架相机，也给她许许多多的机会，让她把想拍摄的风景拍摄到最好。

如果一个人，迷恋上了一种事物，那么肯定就会倾注全部热情和精力，去做到最好吧。

西岭想，于自己而言，正是这样。

市里几乎每年都会有摄影大赛，而参赛的年龄则是不受限制的，从几岁到几十岁的摄影爱好者都是可以参加的。

西岭在父亲的鼓励下也报名参加了摄影大赛。

当然没有那么一帆风顺了。

当然会有失败了。

因为，人生本就是一场场不断跋涉的旅程，而在这样一场又一场的艰辛跋涉中，你不可能，根本不可能会一直都轻易地成功吧？

于小西岭，亦是如此。

西岭的摄影作品并未获得大奖，甚至连摄影大赛的优秀奖都没有获得。

西岭那时候哭得很伤心。

能不伤心吗？能不哭泣吗？于成功，每个人都是激情澎湃、日夜渴盼的，而西岭则更是如此了。

西岭虽然年纪还小，但是却早已经在心里面藏了一个格外宏大也美好的愿望。那就是，一定要成为真正的摄影师，要获得大奖，要拍摄出真正美好的照片。

然而，第一次参加摄影大赛的失败，深深打击了小西岭。

那段时间，西岭仿佛像是被霜击打过的茄子一样，萎靡不振也痛哭流涕。

似乎世界不再明亮鲜艳了，也似乎，周遭全是黑暗了。心里面阴阴冷冷也寂寂然然。

“心灰意冷”这个成语，对于那时候的西岭而言，真是体悟到了。并且，是非常深刻地体悟到了。

西岭的生活因而陷入了一种迷惘和彷徨之中，也忧郁，也苦闷。

一个人一旦陷入了一种困境，处于一种颓废也消极的状态之中，就会觉得连天空都要坍塌下来了。

西岭那时候，就是那样的感觉。

西岭非常感激自己的父亲。一直，永远。

是的，正是因为父亲，这个世界上最伟大最亲爱的父亲的开导和激励，才终于使得小西岭从此走出了困境，也拨开了生活中的那些所谓的灰暗和阴影，从而，迎来了自己光芒万丈的美好人生。

父亲那时候给小西岭讲了许多故事。

都是些名人的故事。

比如，著名男高音歌唱家廖昌永的故事。

那是一个关乎执着的感人故事。

7 岁那年，廖昌永的父亲病故了，这对本来就家境十分贫困的廖昌永来说，无疑是雪上加霜。那时候的廖昌永非常喜欢音乐，然而又有谁知道，他对于音乐的早期理解和痴迷竟然都是来自农村的大喇叭呢？是的，正是那时候村头大喇叭所传出来的歌声，给了他心灵的启迪和滋润，从而将他带入了音乐的美好天地。在分外清贫也拮据的艰苦生活中，廖昌永并不曾放弃过任何学习音乐的机会。虽然他也曾不止一次地经历过失败，但是对于音乐的痴迷和热爱却最终让他坚持了下来。他在持之以恒的执着和永不放弃中，最终成为一位著名的男高音歌唱家。

又比如，亚伯拉罕·林肯的故事。

亚伯拉罕·林肯一次次地参加竞选又一次次地惨遭失败，然而他却始终都在坚持，并不肯放弃自己的梦想。他对梦想持之以恒的坚持，最终让他成为美国历史上最伟大的总统之一。

而与环球唱片公司旗下的 Island 唱片签下合约的玛丽亚·凯莉，亦是如此。几岁时父母离异，家庭贫困，备受歧视，母亲带着她过着四处漂泊的悲苦生活，她们因无法支付租金而寄宿在朋友家的地板上。四岁时，她迷恋上了音乐，常常跟在母亲身后学唱歌。上学后的她，学习成绩并不优异，甚至有次数学测试她只得了六分。老师当着全班同学的面批评了她，但她却理直气壮地站起来，说:“数学对于我没用，以后我要当歌星。”此语一出，立刻遭到了同学们的嘲笑，在同学们的嘲笑声中，她却紧紧地握住了拳头，也在内心暗暗地下定了决心。

她在被同学们所耻笑、被老师所训斥的时候，仍旧没有丧失对生活的勇气。

十三岁时，她开始了音乐创作；十四岁，她找到了几个录音棚，担任他们的后备试音歌手。高中毕业，她不顾家人的反对，带着稚嫩的梦想来到了纽约……后来，她获得了格莱美音乐大奖最佳女歌手。她在世界音乐大奖、全美音乐奖、灵魂列车音乐奖、美国作曲家协会奖、欧洲音乐白金奖等大奖上收获颇丰，并且还与环球唱片公司旗下的 Island 唱片签下了合约。

她自信百倍，她执着顽强。

后来终于有天，她获得了成功。

从此，她把自己的人生提升到了一个更高的境界。

“或许一路泥泞，或许我们常会摔倒，但是一定要坚信，我们必定能够走出泥泞，重新地站立起来……”

父亲对她说过的这句话，西岭一直铭记在心。

她甚至还把这句话写在了自己粉红色的日记本上。

从此以后，属于西岭的人生也只有努力，再努力了。

每个人的人生都是由自己所谱写的。你的辉煌灿烂或者你的暗淡无光也全都是由你自己来决定的。

如果，你不肯努力，不肯脚踏实地地前行和奋斗，那么就算有人肯为你铺设一条锦绣大道，或许也是白费精力，因为，你始终没有努力，更没有具备成功所需的一些能力。

所谓成功，很多时候就是因为我们的自我储备、自我激励。

我们把自己历练到了最好的境地，不放弃我们的梦想和追求。我们始终坚定不移地朝着自己设定的那个目标前进，不知疲倦，也不言辛苦，那么终有那么一天，我们会得到命运之神的格外垂青。

是的。命运之神往往只会垂青那些肯不懈努力、踏踏实实，更一步一个脚印往前行进的人。

如果，你没有准备好一切，如果你只是抱怨不迭也怨声载道……那么，就算有天幸运之神降临到了你的身旁，你也会最终与它失之交臂。

那是怎样的一种苦痛和懊悔呢?

这个世界上，一定会有不少人经历过与幸运之神失之交臂的痛苦之事。也懊悔，也悲催。

但当我们做好了一切准备的时候，当我们对成功胸有成竹也付出了许多艰辛的时候，幸运之神，总会垂青于我们。

而西岭的成功也是如此。

西岭后来对我说得最多的两句话就是——“或许一路泥泞，或许我们常会摔倒，但是一定要坚信，我们必定能够走出泥泞，重新地站立起来……”

“其实，每个人都是这个世界上独一无二的自己。”

前一句话是西岭的父亲说给西岭的。然而，那句话即便过了许多年之后再次细听，也仍旧会令人感动、令人振奋，更会给人巨大的力量。

后一句话是西岭说给自己的。西岭想要表达的意思是，其实我们每一个人都是特别的，我们都有着独一无二的特质，不仅仅是长相和气质，甚至连我们的兴趣和爱好也是如此。因此，我们每个人都不要轻看了自己，如果我们肯朝着自己的兴趣和爱好努力发展，不言放弃，总有一天，我们会成为那一方面的佼佼者。

我们当然会获得成功。

只是，或许在成功到来之前，我们需要经历很多次的失败和挫折。

请你相信每个人都是这个世界上独一无二的自己，既优秀，也美丽。

加油吧，姑娘，请你相信这个世界上独一无二的自己，真的很棒，而你的前方，正是一片光明，有格外耀眼的光芒散射开来——千丈，甚至万丈……

把生命的每一天，都过得精彩有诗意

茉莉，单说这个名字，是不是听起来也让人觉得弱不禁风。

可不是?

我的闺密茉莉，看起来就是个弱不禁风的女子。

虽然出生在一个并不算富裕的家庭，但是茉莉从小就是父母的掌上明珠。茉莉小时候长得格外乖巧漂亮，也可伶可俐的，分外招人喜欢。

父亲更加疼爱小茉莉一些。

才不过三四岁，父亲就给茉莉买回来许多书籍，不过也多是小人书，像是《红楼梦》《西游记》《聊斋》《水浒传》《三国演义》等。

茉莉那时候最喜欢做的事情就是翻看那些小人书了。

坐在家中的庭院里，春日的阳光暖暖的，晒在小茉莉的面庞上、身体上。小人书有趣得很，至少在那时候的小茉莉看起来，真就是十分有趣儿的，虽然那时候她根本就看不懂那些小人书，只是觉得小人书上面画着的人格外好看，女人的裙子都很漂亮，头上戴的珍珠翡翠什么的，特别而又美丽。小茉莉那时候甚至异想天开地缠着妈妈也给自己梳那样的发型，做那样的长裙……然而，妈妈却总是笑呵呵地说，等你长大了就知道了，妈妈根本就梳不出来那样的发型，也根本就做不出来那样的长裙。

茉莉七岁那年上了县城的中心小学。

其实，村子里也有一所小学的，但是父亲说，还是县城的中心小学更好一些，也不是很远，骑自行车过去也就是二十来分钟吧，因而，父亲最终还是把小茉莉送到了县城的中心小学。

在县城的中心小学读书的那五年，于茉莉而言，真是快乐无忧的。

老师们都很好，特别是班主任允老师，待茉莉就像对待亲闺女一样。

茉莉那时候也比较偏科，她特别喜欢语文，似乎有那么几年，茉莉就只想学语文。

允老师戴着一副黑边的眼镜，剪着十分整齐的齐耳短发，微胖的圆脸，说起话来慢慢的，声音柔和而温情。在茉莉的眼里，允老师总有着母亲般的亲切和慈祥，加之她又非常喜欢语文，因此那时候的茉莉最喜欢上的课就是允老师的语文课了。

还好，几乎每天都会有语文课。

每天语文课即将到来的时刻，总是茉莉内心分外欢喜的时刻。

那些时候，她不想走出教室，如果不得不去卫生间的话，那么她也会一路小跑着过去。因为她一定是要节省时间的，绝对不能在允老师上课的时候迟到一分一秒。而上完卫生间的茉莉也是一路小跑返回教室的，静静地坐下来，心里充满了对语文的热爱和对允老师的爱戴，于是，即便天气寒冷，雪花飞舞，朔风凛冽，于茉莉来说，似乎都是温暖如春的。

每当允老师的脚步声从楼道里传来的时候，茉莉都会觉得十分幸福。那是一种欢喜悄悄然潜入心底的感觉。一切都是美妙的，一切也都是自然而然的。仿佛此刻自己生命时光中正是需要这样的一种幸福和欢喜，而它们，正是允老师，亲爱的允老师所带来的。

允老师走进教室的时候，茉莉的眼睛突然就变得格外莹亮了。那样的莹莹亮亮之中还闪烁着点点的光芒，那是兴奋和激动等情愫的结合体，正是如此，在允老师的课堂上，茉莉才更加专注积极。

茉莉永远都忘不了有年寒冷的冬天，天空中飘着纷纷扬扬的雪花，允老师给他们讲了安徒生的著名童话《卖火柴的小女孩儿》。那天的茉莉，不自觉就流下了伤心的眼泪。

茉莉永远都记得当时允老师在朗读这篇作品时候的神情。允老师的眼眶中含着热泪，读着读着，竟然忍不住哭了。

允老师的声音变得哽咽起来，而茉莉，当然也是如此哀伤，她也不由自主地哭泣起来。

茉莉晶莹的眼泪像是断了线的珍珠般滴滴滚落，落在了摊开在桌面上的书本上，而那两页书上，印着《卖火柴的小女孩》这个故事。茉莉在低下头的时候，看到了那幅美丽的插图，而自己的眼泪正巧在滴下来的时候，打湿了卖火柴的小女孩的衣裳。雪花飞飞舞舞，冷极了，那天。

允老师当然发现了伤心落泪的茉莉，她走过来，伸出一只手，纤细的手指轻轻地抚过茉莉的柔软发丝。

“不要哭了，茉莉乖啊——”

在允老师充满温情和慈爱的动听声音中，茉莉终于不再哭泣。

那节课，茉莉此生都不可能会忘却。

也许正是因为允老师的温情和慈爱，以及她给予了茉莉更多的关心与呵护，才使得后来的茉莉在写作上突飞猛进。

茉莉迷恋上了文学。

从县城中心小学毕业的时候，茉莉和允老师去了县城最好最大的那家照相馆拍了张合影。那张照片，后来一直都被茉莉带在身边。茉莉常想，也许唯有这样，才能够留住一些怀念吧，永远永远地留住。

在茉莉去市里读高中的时候，允老师突然生病去世了。

那是个寒冷的三九天。雪花飞舞，北风呼啸。茉莉接到了父亲打来的电话，父亲只在电话中声音低沉地说，茉莉啊，你快点回来吧，你们的允老师她——去世了……

茉莉听得惊愕不已，拿在手中的电话突然就跌落在了地面上。

那是个周五的黄昏，茉莉急匆匆地收拾了行李，还好第二天恰好是周六，也没课。于是她便赶傍晚时分的汽车返回了县城。

允老师的家中那时候完全笼罩在一派哀伤中。茉莉跪在允老师的遗像前默默哭泣。她并不会像许多人那样放声大哭，不过也许，那一刻如她这样默默然地流泪，内心哀伤痛楚，才是最好的哀悼。

那个黑色的周末，是茉莉此生永远的哀伤，也疼痛，也不舍，更惋惜。

茉莉永远都会记得允老师曾经对她说过的一句话："茉莉啊，你的文学底子不错，好好读书，多多练习，你会写出更好的文字，到那时候，才是我这位老师感到最欣慰的时刻……"

这之后的茉莉，果真读起书来更加认真了，也更加用心地写作。

大学一年级的时候，茉莉就已经成为学院里赫赫有名的美女作家。

茉莉用手中的一支秃笔写生活、写情感、写哲思、写风景、写美食、写民俗，也写一些极其随意的心情文字。

省广播电台有一档《倾诉》节目接收心情文字的投稿。茉莉只是想要尝试投稿到广播电台的滋味，却没想到，刚投递过去，就接到了女主播的电话。那个女主播在电话里对茉莉的文字赞不绝口，说茉莉的文字清新唯美，但也带有淡淡的忧伤，是她十分喜欢的风格。又说茉莉的文风有点像是席慕蓉，令人痴迷也给人遐思，更令人难忘……她还说，下周三的《倾诉》栏目将会播出茉莉的稿子，希望茉莉到时注意收听。最后，女主播还对茉莉说："如果你有时间的话，就多写一些稿子给我，我很喜欢你的文风，一定记得要多写啊！"

就那样，后来茉莉连续半年都在给省广播电台的那档《倾诉》栏目写稿。而她所写的稿子很多都被电台女主播所采用。茉莉不仅仅得到了电台支付给她的稿费，还得到了许多听众的认可，一时间，茉莉的名字和电台女主播的名字都被广大听众所熟知。

茉莉收获到了更多的荣誉，她的生活似乎正被鲜花所簇拥。

2012 年的春天，茉莉收到了一家出版社的约稿函，那家出版社约茉莉写一本情感散文集。茉莉想了想，便答应了下来。

那本情感散文集茉莉写得得心应手，只用了两个多月的时间，她就在并不影响学业的情况下，将那本情感散文集的书稿交给了出版社。茉莉没想到出版社相当满意，很快就和自己签订了出版合同。为了使得茉莉的这本书更加完美，出版社还专门找了时下非常受欢迎的一名插画师为茉莉的情感散文配了插画。九个月之后，茉莉见到了自己的首部情感散文集，文字极其唯美，甜甜蜜蜜却也略带忧伤，那是青春的滋味，却也是人生的滋味，不仅有清甜的花香，还应当有着丝丝缕缕的淡然忧伤，有欢笑也有眼泪，有快乐也有痛楚，这，才是我们每个人生命最为本真的样子吧？茉莉想。

自从第一本情感散文集出版之后，茉莉就进入了更加良好的人生状态。

不仅仅是事业上的风生水起，约稿不断，也是爱情上的顺风顺雨，甜蜜幸福。

有分外优秀的男律师追求茉莉，那个律师不仅长相英俊，还极富幽默感，又有着渊博的学识和极好的涵养。于是，茉莉就那样不知不觉地坠入了情网。

茉莉在自己二十八岁那年，嫁给了那位律师。

茉莉从此又进入了人生的另一个阶段。

婚后的茉莉，并未沦为真正的家庭主妇。她不仅把自己的小家庭经营得格外温馨幸福，也把自己的事业做得像模像样。而她的所谓的事业，依然还是拿起那支秃笔，写下唯美并感伤的文字，而那些文字，皆来源于我们每个人的生活。

茉莉的作品一本本地出版，也有很多本都极其畅销。读者喜欢也迷恋起了这个名叫茉莉的女作家。他们也常常会好奇女作家茉莉的真实生活，究竟她是怎样的一个女性？又有着怎样的情感经历和人生阅历呢？

茉莉自然也知道读者们的好奇之心了，她认真地回复着他们写给自己的邮件，并且，她还准备着手写下一本以自己的真实经历为主的散文集，那将是一本带有自传性质的散文集。而那本散文集中，茉莉想，终是要揭开自己那或许神秘的面纱了。

“我的人生充盈着甜蜜，我的人生也充斥着疼痛。所谓人生就是痛并快乐着，所谓人生就是一半忧伤，一半幸福……而我们所能够努力也用心做好的事情就是，好好地生活，把属于自己生命的每一天，都过得精彩有诗意……”

茉莉在那本带有自传意义的散文集扉页，写下了这样一段感人的话语。

茉莉想，也许读者能够体味到我的情愫，也能够理解生活的真谛，并且还会，好好地珍惜人生的漫漫光阴吧？

第四辑 / 做一个光彩照人的女子

她就像是匍匐于地面上的青苔，
虽然出身卑微，但并不会放弃对
美好未来的追逐，一再地生长，
强韧执着到令人不住慨叹。

你才是自己的救赎者

小会刚应聘到一家企业的行政部时，才是个刚刚从三本院校毕业的大学生。

那时候，她对于社会上的许多事情都还是陌生的。

比如，她并不能很快就适应新的工作环境，特别是很难融入企业里的那些老员工。自己属于新员工，而总是有些老员工会用很不屑的眼光来看待她，于此，她常常会感到无所适从。

工作做到满一个月的时候，小会想要离开。

真的，她那么那么想要离开这里，辞职算了，因为这里真的并不适合自己啊。

小会在某天下班后一个人漫步回家，情绪上笼罩了些许淡淡的忧郁。

漫步到距离单位不是很远的一个街心花园的时候，有人和她打招呼。

小会抬头看，原来是公司销售部的一个同事。男性，约莫三十岁的样子。之前他们在单位也多次遇见，彼此打过几次招呼，也有过工作上的交流，只是彼时的小会真的想不起来他的名字而已。

“怎么了，怎么看你有点闷闷不乐？”

“没什么。我一贯都是这样。”

小会努力掩饰着自己的情绪，她并不喜欢被别人轻而易举地就窥视到自己的心绪。

然而，那位男同事并未因为小会对于自我情绪上的遮遮掩掩而轻易罢手。他甚至比刚才更加热情。

“其实你也别见怪，都是一个单位的同事，如果有什么不开心的事情不妨说出来，把不快乐的情绪藏在心中会对身体健康不利的。是不是工作中遇到了不顺心的事情？”

这次，小会有点不好意思了。

她突然觉得自己不太友好。同事也许真的并没有什么恶意，只是自己太过小心和不信任人家罢了。

小会想到这儿，面庞上突然就绽开了两朵美丽的花儿。

便轻声且诚恳地对那位男同事说：“对不起啊。”

“没关系的，不如我们去喝杯咖啡吧。”

“好的。”

就这样，小会随着那位男同事走进了街边的一家咖啡店。

正是暮春四月的傍晚时分，咖啡店里客人并不是很多，只是稀稀拉拉地坐了几桌而已。

他们选择了一个临窗的座位坐了下来。

小会点了黑咖啡，不加糖的那种。

而那位男同事也点了同样的黑咖啡。除了黑咖啡之外，他们还点了南瓜子、地瓜干、爆米花和开心果。

也许是咖啡店里格外温馨甜美的气息舒缓了小会的心境吧，小会突然非常放松地和那位男同事聊了起来。

这次是小会很主动地挑起了话题。

先是些生活上的小事情，随后又转入了工作。

小会说自己想要辞职了。

“Why？”

“因为我觉得这里并不适合自己。”

“能否举例说明？”

“我的人际关系处理得不是很好，我性格内向些，又不会逢迎领导，说话比较直接，不会婉转地表达自己的意思，何况我也不会赞美别人，或者是违心地去赞扬别人……”

“并且，最近一段时间，我的工作也做得并不能够令人满意。至少我自己就不是很满意……”

小会在话匣子打开之后，一股脑儿就说出了许多话。

而这些压抑太久的话，一经说出，竟然有了奇妙的感觉，至少在小会的内心突然有了分外放松的感觉。

这是许久以来并不曾有过的感觉。

小会觉得真是奇怪。

“其实，你不必想那么多的。我也有过你这样的感触。那时候，我也是刚刚大学毕业不久，刚到单位的时候也是人生地不熟的。生活中有着许多的不方便和不习惯，而工作上就更是如此了。当时我也十分矛盾和痛苦，想着要不要换份工作去做。后来我把自己的想法告诉了一位年长的同事，得到了他的开导，但是我仍旧觉得自己应该离开那个单位……”

“那么后来呢？你是否离开了那个单位？”

“后来我还是辞职离开了那个单位。然而，不久之后，我就后悔了。当我终于知道自己当初不该冲动地离开那个单位的时候，其实为时已晚了。当时只是觉得自己不能适应那个单位，觉得自己的工作干不好，人际关系也处理得很糟糕。也总以为是周围环境和氛围不够好，却从未真正地反思过自己，也从未主动地从自己身上寻找原因……只是到了后来，当我在新单位情况更糟糕的时候，我才终于知道自己错在了哪里。”

“那后来呢？”

“后来就是我又换了一家单位。喏，就是现在咱们的这个单位。”

“感觉怎么样，就咱们现在的这个单位？”小会问。

“还好啦，或许是因为我经过几次挫折之后，终于学会也懂得了珍惜吧。在现在咱们的这个单位，我工作做得还不错，销售业绩也还比较满意。”

“其实，后来我仔细想过，之所以会这样，最主要的原因是我自己不够优秀，真的不够好，而并非是单位里同事或其他的原因……当一个人学会反思也学会了换位思考的时候，一切就会有所改变。”

小会听到这里的时候，似乎一下子就茅塞顿开了。

她当然也想到了自己在工作中的那些不妥，比如并不懂得换位思考，也总是急于回报。然而，没有付出，又哪里会有回报呢？

那天傍晚小会喝完咖啡回到家之后，感觉自己一下子轻松了。

似乎，那块一直压抑在心头的大石头不见了，只留下了丝丝缕缕的欢愉在心间。

小会在后来的反复思考之后，决定还是不要辞职为好。

因为自己还是要学会换位思考，学会常常反思，从自己的身上寻找原因，并且认真解决存在的问题。

小会在想清楚这些之后，用领到的第一个月的薪水为自己报了个学习班。

英语和文秘培训班。

小会想，自己应该不断学习，努力提升自己才好。

也许，一个不喜欢学习，也不愿意提升自己的人，总有一天是会被社会所淘汰的。而自己，绝对不能成为被社会所淘汰的那一类人。

每天白天都是上班，而下班后，小会匆匆在街边的小店里吃点饭就又急匆匆地赶往市中心去上课了。

有时候是英语，有时候是文秘。

小会学的是商务英语，因为小会想，城市在飞速发展，从去年起，这座城市就已经成为世界级的现代化大都市，而随着以后国外游客的增多和经济的飞速发展，只会越来越需要更多具有真材实料的各类高精尖人才，而自己唯有多学习多思考，努力提升自己，才能够适应这个国际现代化大都市的发展需要。

一个人一旦考虑问题的时候视野放宽放大了，那么他也就会从自身去寻找原因了。

当小会这样去想的时候，属于她的人生也突然就变得开阔敞亮了。

小会用了半年时间把商务英语和文秘的课程都学完了。但是她觉得自己还是学得太少，还远远不能适应以后社会的发展和变化。

此后，小会又为自己报了会计速成班和口才训练班。

她想，其实财务知识也是自己应该掌握的，多学一点知识总是好的。而口才则是一个人应该具备的基本技能，练习好了，一定会对自己未来的人生起到极好的作用。

小会把每天都过得分外充实。

上班，下班；上课，下课。

在单位，小会变得不再如先前那样被动了。遇见同事的时候，她不再像以前那样躲躲闪闪了，而是主动地走上前去，十分大方也亲切地问候他们。她的面庞上是绽放得恰到好处的微笑，温暖动人。

法国大作家雨果说：“有一种东西，比我们的面貌更像我们，那便是我们的表情；还有另外一种东西，比表情更像我们，那便是我们的微笑。”

关于微笑，俞敏洪说：“使这个世界灿烂的不是阳光，而是女生的微笑。”

很多时候，微笑其实就是我们呈现给他人的最好名片。一个人的微笑，也往往会价值百万。

而当一个人面庞上有了微笑的时候，那么他和别人的关系也自然而然地就会有所亲近。

彼此间，不知不觉就拉近了距离。而原先一直处于紧张状态的人际关系也会为之而有所改变，变得和缓、友好且亲密。

工作的时候，小会总是百分之百的仔细认真，用心并充满热情。

她已经在改变中不知不觉地就把自己百分之百的精力地投入了工作之中。而这样百分之百的投身工作，肯定就会给她带来百分之百的“好收成”。

是的，年底的“优秀员工”评比中，小会自然而然地就被评为了“优秀员工”。

当她在众人面前接过由董事长亲自颁发给自己的“优秀员工”证书时，竟然流下了激动的眼泪。而那眼泪中，也有着丝丝缕缕的幸福。

截至目前，小会已经在这家单位工作满五年了。而这五年中，她连续四年都获得了“优秀员工”的荣誉称号。

小会面带微笑的生活照被展示在单位办公楼的大厅里，每每经过那里，小会都会觉得分外骄傲和自豪。有时候她会停下脚步，静静地站在那里看看自己的照片。那时候，有种叫作幸福的东西洋溢在她的心间。

小会给父母打电话的时候，再也不是以前那种抱怨哀叹又忧郁的口气了，而是充满了欢喜和兴奋的口气。

电话那端的父母一定也听出了她的欢喜和兴奋，因为小会总是能够听到父母说：“会会真是了不起啊！在省城要照顾好自己，爸爸妈妈都以你为荣哩……”

前不久，小会被单位提拔为部门副经理。

怎么说，这也是一件令人欢欣的事情。毕竟，小会来这家单位工作时间并不算长，也还很年轻，很稚嫩，然而，由于出色的表现，她还是被单位破格提拔了。

这座城市最美的秋天到来的时候，小会乘坐飞机去了首都北京。她是代表单位去参加一个会议。

临走的时候，董事长走来叮咛：“小会呀，在北京开会的时候要认真点，把会议的精神及时反馈回来。”

小会微笑着回答：“是！”

董事长笑了，接着又说：“小会，你还很年轻，要好好干工作，以后还会有很大的升职空间啊！”

小会在飞翔的飞机上闭上了眼睛。飞机穿过厚厚的云层，小会似乎看到了一幅非常美好的图景。

——自己穿着高贵优雅的职业装，走进了单位的会议室。马上要开一个很重要的会议，而她，就是这个会议的主持人。她坐了下来，微笑着打开会议桌上的笔记本电脑，然后把自己的U盘插进电脑中，不一会儿，电脑显示屏上就出现了一个完美也整齐的表格。那是小会刚刚做好的会议汇报资料。而一会儿的会议中，作为主持人的她正是要讲述这张表格的。明亮的灯光照耀下来，映衬得小会的那张俊俏娇美的面庞更加美好动人了。

小会经历了工作初期的种种不适应，终于，她适应了这个单位，也适应了这份工作，更适应了这里的人际关系和现代化大都市不断发展又变化的社会浪潮。

清秋十月的时候，小会迎来了她人生最美丽的时刻。

在城市街角的某个教堂，小会做了这个世界上极美的新娘。

小会早在和未婚夫一起拍摄婚纱照的时候就已经决定了：一定要在这座城市最为神圣和美丽的那个教堂举办自己的婚礼。

那几天他们除了在植物园绿茵茵的广阔草坪上拍摄了婚纱照之外，还在城郊山脚下的休闲山庄，以及风景秀丽的厦门海滩拍摄了浪漫唯美的婚纱照。

而小会最向往的婚礼地点就是在教堂，因而她会把自己的婚礼现场选择在这座城市最美丽也最精致的那个教堂。小会想，即便许多年之后，那场在城市街角的某个教堂所举行的婚礼也会成为他们此生唯一的经典，既浪漫也难忘。

小会此后的人生越来越顺畅。

其实，每个人大约都会经历一如小会这样的事情吧？只是有些人可能会在种种不适应中学会调整自己的心态，也不断地反思自己，然后找出自身存在的问题，再合理和理智地去解决。并且，还能够通过不断的学习和进步，来提升自己，与更加完美的那个自己早日相遇。而有些人，则可能会从此被困难所击溃，成为真正的失败者，一再地消沉，变得萎靡不振，更颓废和自暴自弃。

小会的经历，只能告诉我们这样的一个道理。

那就是：唯有自我才能够救赎自己。人的一生，唯有自己，才是自己的观世音。

做一个光彩照人的女子

在我认识的许多女性中，眉算是又一个令我敬佩也十分难忘的女性。

眉出生于二十世纪六十年代初期，童年时代是在条件艰苦的关中农村度过的。由于父亲去世较早，年轻的母亲就在眉十一岁那年改嫁到了省城西安。

眉从此也就跟随着母亲来到了西安。

眉的命并不好。许多熟知眉的人后来都这样说。

不过细细想，也真是这样。

眉十一岁跟随改嫁的母亲来到省城西安之后，就开始了她人生的另一种生活。

命运并不肯垂青于这个过早失去父亲的女孩儿。虽然她聪明伶俐也乖巧可爱。

眉的继父是一家企业的职工，离过一次婚，也带着一个孩子，只不过，是个男孩子而已。

那个男孩子小眉三岁。

眉在新家的处境并没有多好。因为她的母亲并没有工作，因而她们母女俩都需要依赖于眉继父那并不算高的薪水来生活。那种境况，也算是一种寄人篱下吧。住着并不真正属于自己的房子，吃着别人辛苦挣钱买来的食物，当然也得时时都看人家的脸色来讨生活了。

很多次，眉都在夜里听到过母亲的哭声。

母亲哭得凄凄惨惨，也悲悲戚戚。甚至有几次，眉还听到了继父在打她的母亲。

那一刻，眉心疼极了，也气愤极了。还未完全长大的她，真的恨不得即刻就冲过去，保护自己那亲爱的妈妈。

然而，寒夜冷冽，雪花纷飞，而自己又还未长大，也手无寸铁，又怎么可能保护好自己那最亲爱的妈妈呢？

于是，无数次地，眉也只能一个人悄悄然地躲在被窝中哭泣了。

她哭得伤心极了，也哭得凄惨极了。

其实这些还都不算什么。眉那时的生活里面，除了这些之外，还有被弟弟一次又一次的几乎不曾间断的欺负。那是继父所生的孩子，任性、暴烈、野蛮。他常常都会因为一件极小的事情而蓄意滋事，他骂眉，那样的破口大骂仿佛家常便饭，这还不算，他还常常会暴打眉。那时候的眉，浑身上下都是被弟弟暴打的斑痕。弟弟掐她，用鞭子抽打她，也掴她耳光子，并且还常常会用脚来狠狠地踹她。

眉当然哭泣过，甚至在她难以承受的时候还曾无数次地乞求过。然而，当一个并未成年的男孩子打骂人上了瘾的时候，当一个并未成年的男孩子凶残暴烈到了一定程度的时候，他又怎么会在乎一个女孩子的哭泣和乞求呢？哪怕这个女孩子就是他的姐姐。

眉毫无办法，只得一忍再忍。

眉的母亲看在眼里，也疼在心里，但是却也只能是这样的看着也疼着了。于她而言，也唯有沉默着，看着自己的亲生女儿被不断打打骂骂了。

这就是属于眉的那段人生的青春时光。

然而这些还并不算什么。

最惨最糟的事情还在后面呢。

那是个炎热的夏天，眉的母亲去医院照顾生病的妹妹（眉的小姨）了，而眉的弟弟也去他奶奶家玩了。整个家里，就只剩下了眉和她的继父。天气闷热，屋子里的电风扇虽然一直不肯停息地吹着，但是也仍旧感觉闷热难耐。眉只穿着一件薄薄的碎花连衣裙在屋子的一角写作业，继父独自窝在客厅的沙发上看着一部长长的电视连续剧。时间一分一秒地过着，眉依旧埋头不肯停歇地写着作业。

那一夜，家里就只剩下了眉和她的继父。

眉在夜里十点钟睡着了，然而她做梦也不会想到，就是在那样炎热的夏夜，自己竟然就被继父给糟蹋了。

眉在沉沉的睡梦里，突然被一个高大壮实的男人压在了身下，那一刻，眉从梦中惊醒，吓得大叫起来。但是那个男人低沉着声音对她说："不许喊叫，再喊叫就杀了你！"

眉于是再也不敢发出一点声音。

事后，那个男人在黑暗中消失了。只余下了眉兀自一人瑟缩发抖地躲在卧室的床角低声啜泣。

眉当然知道那个男人是谁了。

能是谁？一定就是自己的继父了。

然而，眉又怎么敢反抗？

眉于是只好保持沉默，只好当作什么事情都没有发生过。

那之后又有许多次，眉都遭到了继父的性侵，然而眉仍旧无法保护自己，只能顺其兽性大发。

直到后来的一天，眉才终于逃离了继父的魔爪。

那一年，继父骑摩托车摔倒骨折了，而眉因此不得不中断了学业，外出打工。

眉离开了家，去了远在杭州的姑姑家。也从此，眉彻底逃脱了继父的魔爪。

那之后的眉，完全变了个样子。她不再显得那么孤独忧郁，而常常都是一副欢喜快乐的样子，因为于那时候的眉而言，她其实已经想通了一些事情，忧伤是一天，快乐也是一天，何况，有些事情已经发生了，再痛苦悲伤也无济于事。于是从那时候起，眉就变得阳光且快乐。她一边在杭州的一家发廊打工，一边利用夜晚的零碎时间自学。从初级财会知识学起，直到后来某天她为自己报了杭州的某家夜校，专修财会。

几年后，眉离开了发廊，在一家外资企业的财务部找到了一份会计的职业。眉在换了工作之后，仍旧不肯放弃任何学习和提升自己的机会，她照旧抽时间挤时间给自己充电，因为在眉看来，无论如何，都要不断地提升自己！

而那段时间眉的弟弟却因为在校园里打群架被学校开除了学籍。这个暴烈无羁的少年终于在后来的某天，因为参与一件打架斗殴事件而被关进了劳教所。

眉的人生是越来越顺畅，越来越光明，仿佛是一直迎着明媚温暖的阳光而去的。然而眉的弟弟，他的人生则恰恰相反，他在被劳教之后，仍旧不思悔改，仍旧一错再错，甚至因为和他人争夺一个女孩子而刺伤了那个人，从而因为故意伤人罪而被判入狱。

眉在有天接到继父打来的一个电话的时候，还是选择了离开风景秀丽的杭州，返回了省城西安。

而这时候，眉的继父已经年老多病，眉的母亲也已经苍老不堪了。

看着家中这样不堪的境况，眉再也不忍心离开西安去杭州工作了。

于是，她毅然决定辞掉杭州的那份工作，非常干脆地就在古城西安开了一家发廊。从此，眉开始了自己的创业。

清清浅浅的如水流光中，眉已经 35 周岁了，但是她却还没有考虑自己的终身大事。

而我也是因为常常去眉所开的那家发廊做头发，一来二去，渐渐的，我们才熟络起来。

眉在和我成为好姐妹之后，对我讲述了她的不幸经历。

她说，我这些年一直在尽自己所能地帮助我的那个弟弟。他而今已经知道悔改了，这就好。常言说，浪子回头金不换，只要弟弟懂事了，只要弟弟成器了，就比什么都好。

如今，眉的弟弟也学了一技之长，并且在眉的帮助下，在西安城南开了一家洗车行，生意也渐渐做得风生水起。

时光的流逝中，眉的继父因病已然去世，只留下了眉的母亲苍凉度日。

眉很孝顺，她把年迈的母亲接到了自己那儿，并且还给母亲雇了保姆，每日里陪伴照顾着自己的母亲。

眉说，这一生，我的母亲都很可怜，几乎没有过上几天好日子。她就我这一个闺女，我怎能不好好待她呢？

眉对我说这些话的时候，已经是 37 岁的大龄女子了。然而她却并不着急。

她说，至于我个人的事情，我认为一切都得看缘分，当缘分到来的时候，躲也躲不掉的，所以，我并不着急，在那个生命中的另一半还没有出现的时候……

其实我知道，眉之所以会这样一直拖着而没有解决掉自己的终身大事，最最重要的一个原因则是，家中负担过重，影响了她的终身大事而已。

对于这一点，眉美发店里的一个女顾客就能证明。那个女顾客说，我给眉介绍过一个对象，其实两个人相处得很好，也谈了大约有五六年那么久，但是后来还是没能结婚，因为眉说自己不能拖累了他，因此后来两人也就渐渐地散了……

某天，我看了一部影片，那部影片也是在讲述一个女孩子的故事，那是她的一生。她因为家中经济拮据，家人病重而辍学外出打工，后来错过了婚嫁的最好时光，一辈子，都是一个人，孤零零地过着，直到生命的最后一刻……

我在一个秋凉的夜晚，一个人靠在绵软的沙发上看完了那部影片。当时的我已然泪眼婆娑了。

而就在我泪眼婆娑的那一刻，想起了现实生活中的眉，这个我所认识的好姐姐。她坚强乐观，即便生活给她再多的苦难，她都会强韧坦然并且不畏艰难地战胜它们，仿佛那些数也数不清的苦难从来就不曾发生过一样。

她就像是匍匐于地面上的青苔，虽然出身卑微，但并不会放弃对美好未来的追逐，一再地生长，强韧执着到令人不住慨叹。

在我们凡俗的生活中，一如眉这样的女子，总会让我们敬佩也慨叹。

在此，唯有祝福她们，真诚也衷心地祝福她们：未来越来越好，也饱满，也丰盈，愈加的激情无限，光彩照人！

再苦也要笑一笑

与她相识只是因为一次家长会。

那天，我去参加孩子的家长会。在找到孩子的课桌后，我静静地坐了下来，那时候，距离家长会开始的时间还剩下 5 分钟。

她是最后一个赶来开家长会的家长。大概由于时间太过紧迫吧，她是匆匆忙忙跑进教室的。

她在我的旁边坐了下来，这时候，我才注意到其实也唯有这么一个空出来的座位了。

按照班主任老师的安排，每个家长都需要坐在自己孩子平时上课的那个座位上。因而，我知道，原来我的孩子和她的孩子，竟然就是同桌。

她坐下来的时候，微笑着对我点了点头。我也礼貌地对她点了点头。

很快，家长会开始了。

在家长会上，我知道了她的孩子最为优秀，因为期中考试考了年级的第一名。

虽然那天班主任在家长会上点名表扬了 5 个孩子，他们分别是这次期中考试班级里的前五名。虽然我的孩子也在那 5 个被表扬的孩子当中，并且名列第二，但是，远没有她的孩子那么优秀，不仅仅是班级里的第一名，而且还是年级的第一名。并且她孩子的成绩还高出我的孩子将近 10 分。

起初，我是有点沾沾自喜的。因为毕竟我的孩子考了班级里的第二名呀。

家长会需要开两个小时，当开到一半的时候，班主任老师说："大家休息十分钟吧，可以互相沟通一下，有关孩子的教育问题……"

就是那休息的十分钟，一下子就把我心底里的优越感和自豪感斩尽杀绝了。

我像是泄了气的气球般，也像是被霜打过的茄子般，多少没了刚才的沾沾自喜和得意扬扬。

因为几乎所有的家长都聚拢而来，把我们的课桌包围得水泄不通。然而，他们聚拢过来的目的却只有一个，那就是——向她请教如何教育好孩子。

"你平时是怎么教育你家孩子的？"

"你平时都是咋样抓孩子学习的？"

"你给孩子报了几个学习班呀？"

“你们孩子是从几岁起开始上补习班的？”

“你们家孩子每天晚上学习要学到几点啊？”

“你们家孩子平时都看哪些课外书？”

“你们平时让不让孩子看电视？”

“……”

几乎所有围拢过来的家长都在张口问她。

那场面简直有点像是央视的记者招待会，而她则像是记者招待会上的那个被提问被关注的众之焦点。

大家七嘴八舌地问着，但是却只是针对她家孩子。

而我，虽然坐在她的身边，却并没有一个家长来过问。那情形，真是令人感伤。

也多少有点尴尬。那一刻，我甚至有点想要逃避开。但是无奈，真的出不去呀，因为大家把我们的那张桌子真的围了个水泄不通。

那一刻，我是有些烦躁的。心里面窝着一团火，真想冲那些紧紧围拢的家长发上一阵子脾气，让他们全都散开。然而却又不能乱发脾气，毕竟是在学校里面，而且面前都是孩子的家长，又不是在家里。

于是，我便只好作罢，沉默地坐在那里，只听着她十分耐心地对那些叽叽喳喳围拢而来的家长们做着解答。

“其实我和孩子他爸爸真没怎么管孩子，并没有像你们所想象的那样，给他报好几个补习班，也并没有逼迫过孩子学习。我们只是任由着他，甚至是放纵着他的，因为毕竟就只有这么一个孩子，我们都不想他活得太累了。但是或许正是我们的放任，他偏偏从小就极其懂事，学习上也非常努力刻苦，从来都不需要我们来督促。他每天放学回家会非常自觉地写作业，并不用我唠唠叨叨。作业写完之后，他每天都会很自觉地看一会儿课外书，然后就睡觉了，也几乎没有怎么熬过夜。每天晚上大约 11 点前，他必定就睡着了……总之，我们孩子从小就特别乖，也特别懂事，虽然是男孩子，但是性格却是有点像女孩子的。非常乖巧，也非常懂事，也稍微有点文弱……”

她面带微笑，十分耐心也十分热情地对那些围拢过来的家长们说着。

我虽然没有刻意去聆听，但因为就坐在她的身边，因而也听得格外清楚。而她的那张漾满笑容的面庞，即便我并未刻意去看，也能够用眼角的余光看到。并且，从她充满温情也格外自然的话语里，我也能够感觉到她在说那番话的时候，是面带笑容的。

我突然就在心里面佩服起她来了。

要说到如何教育好孩子，还真是难题。

就拿我来说吧。虽然我家孩子也非常乖巧懂事，但是总有惹人生气的时候。比如有时候学习上的不够自觉，又比如，有时候会偶然发觉她在偷看漫画书，甚至是在睡觉前还用手机玩网络游戏……

对于这些，我真没少说过。

甚至有次我一生气，还在她的屁股上拍了几下。

我记得，当时她真的哭了，也向我保证，说以后绝对不会再偷偷玩网络游戏了，然而后来我发现，其实她根本管不住自己的，仍旧会偷偷地去玩网络游戏。

当家长们都渐渐散去的时候，她对我微笑着说："我见过你家孩子，真的很乖巧很懂事，优秀极了……"

"哦？什么时候你们见过啊？"

"上学期期末学校开家长会的时候我见到她的。当时你没有来参加家长会，是她爸爸来参加的。她见到我还很有礼貌地叫我阿姨呢。"

听着她格外真诚欣悦地对我家孩子进行赞美，我的那颗生气的心，也渐渐就变得豁达起来了。

这时候，我已经慢慢调整好了自己的心态，也让那些不该蓄积在心房中的气都慢慢地疏散开来。

并且在这时候，我也把目光看向了她。

她温婉极了，也温存、优雅极了。这是她当时给我的感觉。

我笑着和她聊了几句，还想继续再聊的时候，班主任老师却走进了教室，紧接着就是继续召开的家长会。而那天，我终于没有再过多地和她多说话，因为没有机会再多聊了，家长会一结束，大家就都散了。

唯一庆幸的是，那天在家长会结束的时候，我们彼此都留下了对方的手机号码。

记得那天回到家，我还对孩子说："真没想到，你的同桌那么优秀！"

"那是，他真的很优秀啊，学习成绩一直都很稳定，而且每次考试都是年级第一名。"

那之后的一天，我看到有人在加我微信。留言竟然是她。

我二话没说就通过了好友验证。

既然是微信好友了，渐渐地，我们偶尔也会在微信里面聊上几句。但也多是关于孩子的那点事情，或者就是在节假日的时候，互相微信问候问候，共同祝愿彼此节日快乐。

在这个世界上，总会有令我们大家都意想不到的事情发生。而那些事情却也往往都会发生得特别突然，甚至是没有什么原因和道理可讲。然而它的确就是发生了，管你能不能接受，管你会有着怎样的伤痛。

有天，孩子放学回来对我说："妈妈，我同桌生病了。"

"严重吗？"

"不知道。"

"他请假了，请了一周的假。"

"啊——"

当我听到孩子说她的同桌请了一周的假时，我的心中突然就生出了不好的预感。为什么孩子会请一周的假呢？会不会是生了很严重的病？

那之后，我就格外留意微信朋友圈，也会刻意留意她在微信朋友圈中都分享了什么内容。

然而，却什么都看不到，她几乎不会再在微信朋友圈中分享任何东西了。

好几次，我都非常想给她的微信留言，问问孩子的情况。

但是又想，总是有点不妥吧。算了，孩子应该没什么事情，大概就是感冒之类的小病吧，大概一周之后他就能够正常来学校上课了。

果然，一周之后，孩子回家对我说："妈妈，我同桌今天来上课了，他看起来状态很不错呢。"

"嗯，那就好。平时要和同桌好好相处，他请假拉下来的课，你抽空帮他补一补。"

“没问题，妈妈这个你就放心吧。”

女儿笑着回答，并且回答得格外干脆。

我以为一切都会归于正常。一切都还会以它固有的方式进行，或是沿着它运行的轨道不疾不徐地前行。

然而两天之后，女儿放学回来，就对我说：“妈妈，我同桌今天又没有来上课，他又生病了，是他爸爸来给他请的假……”

“那么你知不知道他生了什么病啊？”

“不知道，只是听几个男同学说他腿疼。那几个男同学说他是在QQ里面告诉他们的。”

“啊？”

我听着孩子那样说，心里突然就咯噔了一下。

这次，仍旧是十分不好的预感，突然就涌上了心头。

我知道，那是所谓的女人的第六感。

我很奇怪，有些时候自己突然就会生出那第六感来，并且多数时候，好像都是准确无误的。

“难道那么乖的一个孩子，真的生了很严重的病吗？……”

我不敢再多问孩子一句她同桌的情况，只装作很不在意的样子，也从此不敢再在孩子面前提及她的同桌，以及她同桌的妈妈。

然而，并不是我刻意地不去提及、有意地去回避，有些不好的事情它就不会发生了。

总会有事与愿违的时候，这个世界上的许多事情就是这样，它们并不会依照人们的主观意念去发展。并且，还可能会发生得极其突然。

三个月后的某天，孩子放学回来突然对我说：“妈妈，今天我同桌来学校了，上了半天课，但是他却是拄着拐杖的。”

“是吗？唉，这么乖巧懂事也优秀的孩子，怎么好好的就会病成这样呢？”

那天夜晚，我失眠了很久很久，也有些心口疼痛。于是，我又打开了手机的微信，查看了她的微信相册，却什么也没有看到。

虽然她并未在微信里面分享什么，但是我的心依然会格外生疼。我知道，我也放心不下对那个孩子的牵挂和担忧，他那么乖巧懂事，又那么优秀。于是在夜晚失眠也忧心的时候，我就给她的微信留了言，问他们近来可好。但是却并未收到她的回复，于是我想，她大概是不会再上微信了。

隔了一天之后，也就是周末了，孩子在午饭后突然对我说：“妈妈，下午我们班所有同学约好了都要去看我的同桌，他住院了，走不了路，我们约好了一起去医院看望他……”

“嗯，那去看看他吧。你们别忘了给他多带点好吃的，再多买点他喜欢的东西……”

那天孩子离开家的时候，我给了她 200 元钱，让她给她的同桌买点东西。

那天傍晚，孩子回来之后，眼圈儿有点微红，并且情绪明显非常低落。

“怎么样？你同桌没事吧？”

“妈妈——”

孩子突然扑到了我的怀中，大哭起来。

那一刻，我的心里疼痛极了。

我知道，一定是她的同桌病情很严重。一定是她看到了同桌真实的身体状况，而那样真实的身体状况，一定是她所没有预料到也无法承受的，因此才会伤心，才会情绪低落，才会红了眼圈儿，才会在回到家之后，第一时间就扑进我的怀中，一直伤心地哭泣。

我沉默着抱紧了孩子，也伸出一只手轻轻地拍着她的背脊。

许久，孩子终于止住了哭泣。

“妈妈，你说为什么老天爷如此不公平啊，我同桌竟然得的是癌症……”

说到这儿的时候，孩子又哭泣起来，这次，她已经不是轻声地啜泣了，而是放声大哭。

“哭吧，哭吧，哭出来心里面就不会那么难受了。”

我抱着孩子，也暂且只能这样安慰她了。

那晚，我和孩子睡在一张床上，并且还把她搂在怀中，直到她睡着的时候。

一整夜，我几乎都没有睡着。我不敢睡着，因为怕自己睡着后会做噩梦。我也非常担心孩子在睡着之后突然做噩梦，怕那个噩梦吓醒了她，所以，我想我还是不要睡着比较好。我要一整夜都醒着，保护好孩子，也在心里面为那个乖巧懂事也分外优秀的孩子真诚祈祷。

半个月后，噩耗传来。

有天孩子放学一回到家，书包都还没有来得及放下，就又扑到我的怀中哭泣起来。

我抱紧她，轻拍她的背脊。

这时候，她啜泣着说：“妈妈，明天我要去我同桌家，我们班上所有同学都会去，我们班主任带着我们一起去……我同桌，他——走了……”

我伤心悲痛得无法说出话来。

那一夜，我和孩子几乎都没有说话。我们都内心悲痛、非常非常的悲痛。

第二天傍晚时分，孩子回到家的时候，依旧情绪分外低落。

她哭泣着说："妈妈，今天我们见到了他最后一面，他就躺在他的小床上，他的妈妈流着眼泪，伤心地对我们说，你们都过去看看他吧，最后，再送他一程吧！"

"妈妈，他学习很好，生前就喜欢学习，他走的时候，他的妈妈特意为他买了两个新书包，还有几摞的新书……"

"他的妈妈对我们班主任说：'这孩子生前就非常非常喜欢学习，爱看各种各样的课外书，我很惭愧，在他生前没有给他买太多他喜欢的书，因此他走的时候，我要让他把这些书都带上……'他的妈妈说到这儿的时候，都哭晕过去了……"

那是我最后一次听孩子说起她。

这之后，她换了手机号码。

因为我给她打过电话，想在她心情能够稍稍平静的时候去看看她。

但是电话却怎么都打不通了。

我以为，这一生，我们都再也无缘相见了。

然而，半年前的一天，在我去华润万家买东西的时候，却突然就遇见了她。

她站在洗涤用品专柜前，正在挑选洗涤用品。而我那时候，恰好也在那儿。

很巧的是，我们都抬头看到了彼此，目光竟然就那样自然而然地相遇了。

我伸出手去握她的一双手。她也是，几乎是与我的手同时伸过来的。

她竟然笑了。

“事情都已经过去了，我想我的命本该如此。”

“以前常常听人们说天妒英才，我也总是不相信的。然而现在我终于相信了。他这样乖巧懂事，并且学习成绩又这样优异，或许，他真是太过优秀了，才会遭到上天的嫉妒，所以上天才要早早地收去了他的生命！”

还没等我开口安慰她，她淡然地对我说。

那天从华润万家出来，我请她去一家茶馆里坐一坐。她答应了。

在那家距离华润万家很近的茶馆，我们点了一壶茶，一碟瓜子，一碟开心果，我再要点果盘的时候，她伸出手制止了。

“我们随便聊聊就好，不必那样破费的。”她说。

“孩子走后，我病了有一个来月吧。待到身体稍微好点的时候去公司上班，却被告知没有了我的职位……后来，我只好找了另一份工作。工资待遇当然不如先前那个公司好了。不过也没什么，我只是想要多做点事情，我不想让自己闲下来，因为只要一闲下来，就会想起我那可怜的孩子……”

她说到这里的时候，眼泪不自觉地就流了下来。

我连忙递给她纸巾。

那天我心情沉重也很少说话，只是在专心致志也格外耐心地听她诉说。我想，当她把那些压抑在心底里的话全都讲出来的时候，大约就会心情舒畅一些了吧？到那时候，我再开口安慰她。

那次分别之后，因为工作忙碌，我竟然忘记了和她联络。

几天前，她打电话给我，声音是爽朗的，我听得出，她心情不错。

“明天有空吗？我请你吃饭。”

“好啊，那傍晚 6 点在小南门见。”

我们就那样约好了吃饭的时间和地点。

再见到她的时候，她俨然换了个人一样。

她穿戴整齐也气质优雅，并且还微笑着走过来牵起我的手。

吃饭的时候，她主动站起来给我敬酒，说：“今儿个我高兴，咱们喝杯红酒吧。”

原来，她因为工作表现极好而得到了单位的重用。公司决定委派她到上海做销售经理。任命书已经在昨天颁发下来了。

我为她喝彩，也为她饯行，更为她点赞。

我真的没有想到，她能够带着那么伤痛的一颗心，把工作做得如此风生水起。

在我们一起喝着红酒的时候，我突然想到了许多。

比如，我身边所见的那些女友或者同事，她们很多都有着非常幸福也不错的生活，从未经受过什么不幸的打击，然而却常常会怨声载道……和她比起来，我的那些女友或者同事，真的太矫情了吧？

其实，人生就是不停地前行，不断地跋涉，也是不可预知的。一切，我们前方的一切都是笼罩着黑暗的。也许将来的某天，就可能有小小的不幸降临到我们的身上，但是我们却依然需要坚强乐观地出发和行走，绝对不能被那些生活中偶然出现的小小不幸给击倒。无论何时，我们都该充满阳光也积极乐观地去面对生活，就像她一样！

我想，她是我所有女性朋友中的佼佼者。

她就像是一株坚强自信的向日葵，总会迎着阳光，茁壮生长，也坚毅，也顽强。

她，就是我的骄傲。

我想，此生，我能够拥有一个像她这样优秀的好朋友，真的是超级幸运啊！

因为她，我也会变得更加坚强和优秀，我会敢于挑战生活，也会乐观地去应对生活中随时随地都可能会出现的不如意。我想，我也将会成为一株明艳的向日葵，迎着阳光，微笑着过好生命中的每一天！

人生没有过不去的坎

阿兰初中毕业就去一家饭店打工了。

其实并不是她不想再继续读书，而是因为家中连续发生的不幸事件使得她无法再继续读书。

先是在阿兰十一岁那年父亲因为酒后驾车出了交通事故，从此与亲人们阴阳两相隔。

接着在阿兰十二岁那年母亲又病倒了。起先并未引起亲人们的注意。母亲性格内向，温柔和善也勤劳善良，她总是喜欢把自己的病痛都藏进内心里。后来阿兰才从母亲的主治医生口中得知了母亲的真实病情。

那是个初夏的午后，周日，刚好没课，她独自一人在医院陪护住院治疗的母亲。那个剪着齐耳短发的中年女医生在给母亲做完简单的例行检查之后，对她说:“请你来下我的办公室。”

阿兰遂跟着那位女医生来到了她的办公室。

那是一个约莫十来平方米的办公室，和其他医生的办公室应该也大致相同。白色，多为白的色彩，然后就是办公桌、电脑、两张椅子、衣架以及一张洁白整洁的单人床。

“请坐。”女医生语调平静地对阿兰说。

“你知道你母亲的病情吗？”

“具体的详细的我还不知道。”

“那好，今天我就告诉你你母亲的详细病情。”

“我首次接诊你母亲是在去年冬天，大约是十二月末圣诞节前后，那次她一个人来医院看病，就挂了我的号。当时初步诊断的结果是胃癌。当时因为她是一个人来做检查的，我担心她一时无法接受自己的病情，就没有把她患胃癌的事实告诉她。其实当时她的胃癌已经临近晚期。当时我只是告诉她，她患的是胃溃疡。我总会记得那天你母亲离开医院时的情景——她慢慢地起身，微笑着对我道了谢。然后又问：‘我的病情果真不严重吗？那么我下次要在什么时候来复查？’”

女医生略微顿了顿，端起办公桌上的那杯绿茶，喝了一口，又接着说。

“我当时告诉你母亲春节过完就来做检查。春节过完，大约是二月二龙抬头的那天，你母亲来医院做了第二次检查。这次我把详细的病情都跟她说了。她听到后倒是显得蛮平静。她只是说：‘医生您能不能帮我保守这个秘密呢？我并不想让家人知道，因为我还有许多事情要去完成。如果你肯为我保守了这个秘密，我将不胜感激……’你母亲当时说话的语调相当平静，人也格外平和镇定，像是之前就已经做好了很长时间的心理准备似的。我当然会尊重病人的选择了，于是答应了你的母亲。而现在，你知道吗？你母亲的生命最多可以维持半年多……我想，到了这个时候，我一定，也有义务得要告诉你她真实的病情了。”

“医生，求求你救救我的母亲！”

阿兰当时扑通一声就跪在了那位女医生的面前，她一把眼泪一把鼻涕地乞求医生延长自己母亲的生命。然而，一个人一旦患上了癌症，也就等于已经被上苍宣判了死刑，只是何时告别人世而已。

阿兰当然也知道一个得了癌症的病人不可能会有太长久的生命了。更何况此时母亲的胃癌已经到了晚期。阿兰当然也相信医生所说的自己的母亲最多还有半年多的生命期……然而，作为女儿，自己又怎能不竭尽全力地去延续亲爱母亲的生命呢？

“医生，求求你救救我母亲，我会想办法多挣点钱，为母亲治病的，求求你了……”

阿兰说着这句话的时候，就已经给面前的这位女医生磕了好几个头。

女医生弯腰将阿兰扶起来，眼眶中也已经潮湿一片了。

“我会的，孩子，作为一名医生，我的职责就是救死扶伤。努力挽留每一个病人的生命，是我首先要做好的事情……”

那天一直陪护在母亲身边的阿兰心情格外沉重。她怎么也不能够接受母亲将不能长久地陪伴在自己身边的这个残酷的事实。

为了母亲的身体，阿兰还是尽力地掩饰了自己的情绪。然而，又有谁知道她彼时内心的忧伤和难过呢？

周一在学校上课的时候，阿兰的心情仍旧无法平静。课堂上一贯踊跃发言的她却突然就显得沉默寡言起来。不再举手发言了，也不时会对着课本发呆。

下课铃声响起的时候，阿兰仍旧不会走出教室，除了去趟卫生间。她不再如以前那样活泼好动了，她变得忧郁且沉静。

一个人孤孤单单地坐在教室里，也懒得和同学们说话。

有同学问她怎么了的时候，她只是沉默着不肯回答，然而，又倏然间有眼泪滚出眼眶。也是那个时候阿兰在心里决定了不再继续读书。因为她觉得母亲所剩余的时间不多了，因此自己应该好好陪伴母亲走完人生最后的那段路。还因为母亲在医院化疗的费用真的很昂贵，渐渐地，家里的积蓄也已经快要花完了，因此她必须放弃上学，出去打工挣钱，为母亲治病了。一旦阿兰这样决定了，也很快就这样做了。

那个夏天，她初中毕业后，就悄悄地辍学了。

阿兰并没有告诉母亲自己不再上学了，而是假装自己仍旧还在学校上学。每天她背着书包出门，但会走进一家酒店。

阿兰没有更好的工作可做，只好先从一家酒店的服务生做起。

聪明伶俐也容貌美丽的阿兰只在酒店做了三个月的服务生，就被那个酒店的老板破格提拔为大堂经理。

至此，阿兰的薪水高出了许多，她也差不多可以用自己打工挣来的钱给母亲治病了。

然而阿兰只能瞒着母亲说，那些治疗的钱都是自己某次购买彩票中奖所得。不多，也就获得了几万块的大奖吧。母亲听得欢欣，也并没有多想，真的就以为她购买彩票获得了几万块的大奖。

然而毕竟阿兰的母亲患的是癌症，八个多月之后，她就真的扔下了阿兰，离开了这个世界。

那时候，阿兰伤心极了。

从小阿兰就是爸爸妈妈的心肝宝贝、掌上明珠，然而才不过几年而已，他们就都相继离开了自己。

唯一剩下的亲人是阿兰的奶奶。

阿兰的奶奶虽然身体还算硬朗，但也已经是七十多岁的人了。

阿兰想，自己处于目前的境况下，唯有努力工作，挣到更多的钱，才能过好日子。

在母亲去世之后，阿兰仍旧每天按部就班地去酒店工作。她兢兢业业地工作，只想做那个酒店最好的管理者。

俗话说，祸不单行，阿兰的母亲也才病故两三个月，阿兰家里就又发生了不幸的事件。

某天下班回到家，阿兰发现奶奶躺在地上起不来了。

她赶紧放下了手中的包，跑过去扶奶奶。奶奶是走路的时候不小心摔倒的，然而却再也无法站起来正常行走。

阿兰连忙打电话叫来了救护车。救护车把阿兰的奶奶送到医院，X 光片拍完之后，医生说："老人是骨折了，需要尽快做手术。"

就那样，阿兰的奶奶在医院一住就是多半个月。右腿股骨颈骨折，也许对青年或者中年身体强壮的人来说都还并不算什么，但是阿兰的奶奶如今已经七十多岁了，又怎么能够尽快恢复呢？

手术倒是做得非常成功，住院期间的治疗和护理也都格外到位。只是出院之后，阿兰奶奶的右腿就再也无法恢复到从前的样子了。

不能正常下地走路了。

需要双拐，也需要有人来搀扶。

阿兰的奶奶无法接受自己变成半个废人，老泪纵横地寻死觅活。

阿兰向酒店请了一段时间的假，每天寸步不离地陪在奶奶的身边。

然而有天酒店老板打来了电话，说，如果不尽快来酒店上班的话，他们就要重新招聘大堂经理了。

阿兰听到后只得说明天就去酒店上班。

但令阿兰没有想到的是，在她第二天去酒店上班之后，家里竟然又发生了意想不到的事件，令她措手不及也万分心痛。

阿兰的奶奶在阿兰去酒店上班之后，选择了自杀。

她竟然用放在床头柜上的一把锋利剪刀结束了生命。

阿兰下班回到家真的吓坏了。

床上地上都流淌着鲜血。一把剪刀被染得殷红。奶奶竟然用一把锋利的剪刀戳透了自己的心脏，鲜血汩汩地流了出来……

阿兰抱着已经死去的奶奶放声大哭。那一晚，她觉得天旋地转，格外寒冷，然而那时，只不过是八月中旬的初秋时节。

一个人安葬了奶奶之后，阿兰给自己放了一段时间的假。

她选择了独自一个人出游，去美丽的大草原和大沙漠。阿兰想，在那里，地广人稀、草色青绿、天蓝云白、辽阔无垠，正是自己可以好好疗伤的好地方。

事实也真是那样。

一周时间的草原和沙漠之旅果真疗愈了阿兰的伤痛。

一周之后回到家，俨然已经是另一个阿兰了。

阿兰不再伤心欲绝，她给自己制订了学习计划，她要去学习酒店管理、财务管理和商务英语。

阿兰用自己之前在酒店做大堂经理攒下的那些钱去给自己充了几个月的电。

几个月后，阿兰又应聘到了一家酒店，而这家酒店是市里最好的一家五星级酒店。

阿兰在这家五星级的酒店应聘了大堂经理的职位，一切都是熟悉的，工作流程和工作方法都与之前的相似。而彼时所不同的则是，如今的阿兰因为刚刚为自己充了电而干起工作来更加得心应手。

阿兰的工作做得极出色，不仅受到了酒店经理的表扬，还获得了更好的待遇。

两年之后，阿兰成为那家酒店的大堂经理兼客房部经理。

又一年之后，阿兰被酒店派往新加坡和法国学习。

阿兰成为酒店管理者中的佼佼者，不仅薪金极高，而且还每年都会获得酒店管理公司的几项荣誉。

在年底的联谊会上，阿兰被同事们簇拥着登上了铺着红毯的舞台。

阿兰跳了一段舞蹈，那是她自己最最喜欢也格外擅长的印度舞。

阿兰自小就十分迷醉于印度影片。从最初印度第一部真正意义上的商业歌舞片《流浪者》开始，阿兰就不自觉地沉溺在了印度唯美动人也浪漫激情的影片中。后来阿兰还看过《印度往事》《花好月圆》《善良的谎言》《印度情书》《舞动深情》《我心狂野》《忘情恋》《来来去去》《爱有天定》《雨中情》《新娘与偏见》《天赐良缘》《勇夺芳心》《大篷车》。

然而在阿兰所看过的众多印度影片中，最能打动她心灵的却唯有《流浪者》和《大篷车》了。

拍摄于 1951 年的《流浪者》虽然是部黑白片，但是却格外令人着迷。阿兰尤其喜欢影片的主题曲《拉兹之歌》。阿兰当然不会忘记小学时候同学们都在哼唱的这部影片中的插曲《拉兹之歌》了。那时候“到处流浪”的歌声几乎传遍了城市的大街小巷。

而拍摄于 1971 年的《大篷车》则是更具代表性的歌舞片。阿兰非常喜欢影片《大篷车》中格外活泼艳丽的歌舞，正因为这部影片从头至尾几乎不间断的载歌载舞，还有流浪的吉卜赛民族，再加上惩恶扬善的故事情结，才使得影片有了一种极其狂热也分外迷人的气质。而阿兰也很多次地给同学们推荐过这部影片。

阿兰跳着节奏欢快的印度舞，仿佛自己也是印度某部影片中的女主角一般，既兴奋又狂热。

之后，阿兰又唱了两首歌曲，那是邓丽君的《甜蜜蜜》和《但愿人长久》。一首甜蜜和一首感伤的歌曲，博得了大家的热烈掌声。阿兰的嗓音极清亮，也甜美至极，但偶尔也会蓄有浅淡的怅惘和忧伤，仔细地聆听起来，真是像极了逝去多年的邓丽君的歌声。

紧接着，阿兰又对大家说了一段亲身经历。

她说："我经历过人生的大不幸，父亲遭遇意外去世了，母亲患了癌症去世了，奶奶又因为骨折不能走路而自杀了……那段日子我以为自己无法走过，然而后来，我还是走了过来。我不断地给自己充电，让自己更加优秀也更加自信，正是因为这样，我才能够拥有这样美好的今天和更加美好的明天！"

阿兰的诉说赢得了大家一阵又一阵的热烈掌声。

阿兰是个坚强的姑娘，也是个了不起的姑娘。

我想，在这个世界上，一定会有着更多的一如阿兰这样优秀的姑娘，她们意志坚强、内心强大，能够很快适应多变也坎坷的环境和人生，她们能够拥有极好的未来，正是因为她们不断强大自己的内心。

或许经历的坎坷多一些，人就会更加坚强一些。

如果我们能够正视人生中的每一段坎坷和不幸，不断地在苦难中把自己的内心锤炼得更加强大也充满自信，那么属于我们的未来——是不是就会更加美好也辉煌。

祝福阿兰，也祝福天底下所有的女人，愿你们坚强和勇敢，也愿你们快乐和幸福。

人生，没有过不去的坎，任何时候，都请相信自己能够成为非常优秀的女人；任何时候，都请相信自己就是那个最棒的女人！

走下去，有天你会光芒万丈

古城西安八月的天格外美丽。

正值秋高气爽、金桂飘香的时节，城市经过了一个夏季的炙热，似乎已经退去了无法抵制的烦躁和喧嚣，变得静谧且恬然。

周六午后三四点的时候，我接到了南方的电话。电话里，她说：“姐，傍晚有空吗？请你吃饭。”

“好啊，我请你吧，地点我来定。”我笑着对她说。挂断电话之后，我用手机预订了古老城墙下的薇酌饮。那是个极其不错的馆子，不大不小，里面的陈设泛着旧意。但恰恰是那些旧意，反而使得这家馆子颇具情调。几乎每天，薇酌饮都是爆满的，特别是到了周末的傍晚时分。

当我确定好薇酌饮的包间之后，就把包间名字和薇酌饮的详细地址微信发送给了南方。

南方住在城市的最南边，那是叫作长安区的地方。长安区，不仅景色优美，适宜居住，更是有着悠久迷人的历史。

而这个叫作南方的女子，其实并不是长安人，她是地地道道的南方人。或许，从她的名字，就能够令人想象到她这个南方女子的温婉和美丽吧。

南方生于二十世纪八十年代末，大学就读于古城西安的一所名校，主修的专业是汉语言文学。大学毕业后的南方并没有听从父母的安排回到她生长的那个城市，而是毅然决然地选择了留在古城西安，并且就“定居”在了长安区。

我去过南方在古城西安长安区的“家”。那是一个大约六十平方米的小型公寓，属于商住两用的高层。那时候，确切地说应该是五年前的暮春时节，我是在和她认识几年之后的那个暮春时节去她家做客的。

相识是种缘分，而我与南方的相识亦是如此。

那是在公司举办的年会上。南方作为公司合作单位的一名特邀嘉宾，那天显得格外耀眼。那天的她，穿着一套玫红色的晚礼服，裙子极长，覆盖住了脚踝，只露出她黑色高跟鞋的脚尖。南方白皙的脖颈线条完美到极致，一条编结成菱形状的白色珍珠项链就挂在她白皙的脖子上。南方是短发，短得极为干练。

当南方从宴会厅的一个侧门大方优雅地走进来时，在场的所有人都被她给惊艳到了。我甚至还听到了身旁几个美女的赞叹：“啊，她可真美呀！”

作为女性，我当然知道女人们的那点心思。通常情况下，她们心底里会隐藏着丝丝缕缕的嫉妒。要知道，女性很少会去赞美另一个女性的。如果一个女性比别人美丽，那么多数时候会遭到诋毁或者嫉妒，而并非发自肺腑的赞美。

然而那天，我却听到了身边好几个女性对南方的赞美。那是她们被南方的美丽打动之后，不由自主的赞美。

我也听到了相机快门的声音。一声声的，“咔嚓咔嚓”，那是很多人在为南方拍照。

男士们拍得格外认真，并且我还看到了几个男士嘴角扬起的微笑。那应该是赞赏和喜欢吧。

由于在公司负责接待工作，因而我对于每一位邀请来的嘉宾，都要走上前去问候，并将他们交给现场的礼仪小姐，再由礼仪小姐引领他们坐在嘉宾的位置上。在我和南方握手的时候，南方很有礼貌地介绍了自己，并且还递给了我一张名片。当时的我由于忙碌，并未仔细去看那张名片，只是将它放进了我的手包中。也许我和南方注定是有缘分的，因而就算当时极其忙碌的我并未刻意去和她靠近，老天也会再次安排我和她的相遇。

而那样的相遇从某种意义上讲，更是一种真正的走近。

宴会间隙，我去洗手间的时候，恰巧就遇见了南方。她欢喜地和我打招呼，并且还说："说不清什么原因，第一眼看到你，我就打心底里特别喜欢。"

或许是南方的这句话拉近了我们彼此之间的距离吧，总之，很快，我和南方就成了关系极好的姐妹。我是姐姐，大南方八岁。南方和我熟悉起来之后，会隔三岔五地给我打来电话，起先是说些工作上的事情，后来，渐渐地，她也会对我说起她在工作之外的一些事情。比如，平淡生活中的琐碎之事。又比如，她的情事。

而我第一次去南方家做客的时候，南方正遭遇失恋。

那时候，南方刚刚和男友分手，情绪上多少还有点不适应，毕竟已经相恋了两年之久，也已经有了极深的感情。

那个叫作王琛的男子，是在某年秋季南方出门旅行的途中相识的。

那时候，南方独自出门旅行，所选择的目的地是徽州。徽州一直都是南方心中的一个美梦。

南方说，梦中自己无数次地抵达过徽州。也总是在梦中，无数次地因这座沉睡了千年的古镇而魂牵梦萦。

"一生痴绝处，无梦到徽州"这是明代戏剧家汤显祖留下的千古绝唱。彼时的他，穷困潦倒，徽州是他唯一的寄托。

喜欢迷醉于徽州小镇的粉墙黛瓦，像极了水墨画中的风景，典雅精致，更给人无限的遐思和怀念。漫步其间，似乎整个人也回归到了经年之前。古意的美好和奇妙，散漫恣意，全都泛滥在了那一张张泛黄的宣纸之上。

南方终于在一个薄凉的秋天，来到了徽州。后来的某天，我看到了南方发表在都市晚报上的一篇题为《徽州记》的小散文。文中，南方这样写道——

仿佛是在梦境当中。因为眼前的一切，都像极了梦中的情形。山野间轻笼着一派薄薄的暮霭。偶然滴落的秋雨，更洁净润泽了这座千年的古镇。惊艳之中，甚至还缭绕起几许妖媚之气。我为它而迷醉。呆呆的、痴痴的，全都是因了它的无比美丽。

喜欢徽州的粉墙黛瓦，也喜欢徽州的天井和厅堂。徽州是静谧的，邈远的。时光仿佛静止般，彻底地凝滞了，而世间的美好也好像完全地被定格在了这里。

走过不少的城市山川，以及大漠小镇。祖国的湖光山色、锦绣河山，嫣然旖旎……又岂是语言和笔墨可以抒写和描画的？

徽州，它是古老而辉煌的一本书，有着绝世的美好和惊艳。马头墙下，也可以想象交汇出现代色彩和斑斓缤纷的心境，小镇的感觉，最是美妙。而徽州，则是许多小镇中的一朵分外惊艳的花。

幽深的弄巷，某个宅子里，全都是红木制作的家具。高高的院墙，以及马头墙……而厅堂，似乎永远都会笼罩于几许阴暗之中。

即便是晴天丽日，这里亦是有着些许神秘幽暗色彩的。

然而，却又是诱惑的。至少于我，这儿就是极尽诱惑的。

那些老宅，那些粉墙黛瓦的明清建筑，它们以自己独有的美丽和风格，向所有看到的人们，细说着仅属于自已的久远历史。

在皎洁明亮的月光下，漫步于月沼。

白日里青山倒影于池塘间的身影，似乎悠然不见。然而，月下的月沼，却会显出几许鬼魅和妖娆。

彼时，思绪会漫溯到几百年前。静静地、痴然地想象古时的才子佳人，他们是不是也曾在这里相约漫步？

亦有文人墨客在月下兴致盎然地吟诗作画。风轻轻地吹拂而来，于是月光便仿佛骚动起来。吟诗的声音，想必那是个貌若潘安的才子在用情吟诵吧？

徽州的建筑大都坐北朝南，依山傍水。细观那些马头翘角，描金绘彩，无不融入了徽州风格的雕刻。由于对几代同堂、几房同堂习俗的崇尚，因而四水归堂的院落多为单元的风格。

在徽州，每座建筑都是一件美好别致的艺术品，更是一种唯独中国才会拥有的装饰和符号。其中那浓郁典型的中国元素，诉说着独特却也统一的徽州文化。

西递宏村南屏的许多祠堂，虽已显出了没落，但依旧隐约有着当年的辉煌。

严谨的家族制度，给人以十分威严的气息，漫步在牌楼与祠堂间，会有沉重之感隐然地漫上心头，空气中，继而有了凝重陈旧的气息。那是徽州的气息，独特更难以忘却。

每一座牌楼，都是忠节孝义。精致的镂刻，十分的典雅和精致。为那守了六十年寡的妇人而钦佩和悲哀。也许，唯有在那个时候，才会造就这样深情痴绝的妇人吧？

宏村的南湖是妖娆的。秋日的残荷，有着夏荷难以比拟的静美和落寞，也感伤和颓然，但是却又别有一番韵味儿。缓缓走过，身临其中会误以为自己恰是那千百年前的古人，而今来到这里，只为寻一场梦。

喜欢徽州山野间白墙灰瓦的房子。喜欢那些徽商留下来的祠堂。而那些为贞节烈女而建造的牌坊，则会在看到的时候，心中生起一种震撼也柔软的疼痛。

房屋里的每个构件都饱含深厚的底蕴，一眼看过去，一层层的老房子全都是岁月蹉跎后对过往的诠释。历史的风生水起，朝代的兴衰存亡，都记录在了这些古老建筑的粉黛青瓦之上。

人们说，建筑是对后世的一种诉说。或许岁月的烟云早已随了光阴的荏苒而消散。然而，在徽州，那檐上屋梁、马头墙上久已被岁月侵蚀的，却真实地记录着流光飞逝的历史。

流水润泽的徽州，犹如陶渊明笔下的桃花源，更有着“采菊东篱下，悠然见南山”的恬淡与静谧。

古村落里的人们，依然保持着一份怡然自得的古老习俗，时光静了，日子慢了，光阴美了。

村落隐于黄山白雾之间，而那古桥、民居、宗祠、牌坊都宛如一座座历史的博物馆。

秋日清晨的徽州，有缓缓升起的炊烟。薄雾氤氲包围起周边的山川。清凉秋风轻轻摇曳山间的树叶，发出几许或欢喜或悲凉的飒飒之声。

这时，我仍旧会想是不是这几许或欢喜或悲凉的飒飒之声，是对徽州的赞美与慨叹？

那天，就在我不经意间看到了南方发表在都市晚报上的这篇《徽州记》时，便立马拨打了南方的电话。

没想到，她却在电话那头笑着对我说：“姐，我此次徽州之行收获颇丰，不仅收获了无限奇妙的美景，还收获了一段爱情……”

“哦，是吗？那你可要请客喽……”我在电话这端为南方而欣喜激动。

之后的某天，南方约我一起喝茶。在德福巷的一家茶楼，她主动给我讲述了自己与王琛相遇的故事，那故事听起来格外浪漫。南方美丽的脸庞上盛放着两朵粉艳艳的桃花。我知道，那是爱情的力量，正是爱情赐给了她更多的美丽。

也是那天在德福巷的那家茶楼，南方给我看了她和王琛的合照。

那是一张手机自拍的合影。

南方轻轻地依偎在王琛的身旁，那一刻的她，是格外妩媚动人的。爱情的芬芳包围着她，生活的美好和幸福也围裹起她，使得她看起来更加明艳醉人。而王琛的神情亦是幸福陶醉的。在他们的身后，是黛青色的山峦，天空高远而清澈，蔚蓝到令人想要激情呼唤。

我以为南方从此都会和王琛牵手走下去，不再分开。然而，两年之后南方选择了和王琛分手。他们分手的原因，南方说："只是因为他不够忠诚。"

南方在我第一次去她的小公寓做客的那天，对我说出她和王琛分手的这个原因之时，我并未多问一句。毕竟，我并不是个热衷于八卦的女人。我只是微笑着，淡淡地对南方说："不合适，就换掉。"

我想，那时候的南方，心灵一定也受了伤，她需要一个人疗伤，而并非他人所给予的同情或者怜悯。而我也尽量地不去提及她的失恋，尽可能地淡化掉这件事情，让她在平静当中自愈伤口。

南方在两年之后和顾乐结了婚。顾乐长得非常英俊帅气，是个独立摄影师，拥有自己的独立工作室。平日里拍出来的片子很受大众欢迎，每月签单不少，生活过得自由无羁却也情调非凡。

南方嫁给顾乐的时候，顾乐在城南的长安为南方购得一套花园洋房。南方从此就和顾乐幸福快乐地生活在了那套位于长安的花园洋房中。

南方从此也在同龄女子中格外地出类拔萃。

她的出类拔萃，不仅仅是指她美丽动人的外表，更不仅仅是指她嫁给了一个爱她也多金的好老公顾乐，而是指她自己的格外优秀。

是的，南方不仅性情极好，温婉温柔，通情达理，善解人意，并且事业也做得风生水起。

大学毕业，南方先是进了一家私企工作，从办公室普通的文员做起，直到两年后被提拔为总经理办公室的秘书。

然而，南方却只在那个私企的总经理秘书的位子上坐了半年，就毅然决然地辞职了。南方炒了那家私企老板的鱿鱼。

南方后来讲给我具体原因的时候，也令我颇感吃惊。因为，那家私企的老板有性骚扰企业女员工的癖好。南方离开那家私企之后，就应聘到了一家合资企业。在那家合资企业，南方做过文员、助理，直到有天成为该企业华南地区的女经理。南方的事业颇为成功，几乎每年，她都会受到企业的表彰。而今，那家合资企业给予南方的年薪是五十万人民币。

在古老城墙下的薇酌饮，南方对我讲述了她的那些故事。情事、婚事，当然还有她的事业。

“姐，别看我现在的事业做得风生水起，其实经历过的艰辛也真是不少。每一次成功，每一个人的成功，都是要付出汗水甚或眼泪的。这一路走来，我也是一样……”

我和南方都端起了桌上的红酒，一起说着：“Cheers!”

彼时，夜色渐浓，城市愈加美丽也寂静。颇具情调的薇酌饮中，正巧播放着李玉刚的《长安故事》。

伊从何处来尘烟落满怀 / 弄舞胡旋醉弄歌羽衣来 / 玉簪为谁戴霓裳为谁裁 / 曾回首陌上来时花正开 / 伊从长安来寻梦已千载 / 繁花落尽处心未惹尘埃 / 花容为谁改芳名等谁猜 / 流年过一曲绕梁成天籁 / 只道痴心不改转眼花已成海 / 施粉黛长安倾尽三世爱 / 看我水袖轻舞舞出风华绝代 / 阑珊处一世梨花满头开 / 伊从长安来寻梦已千载 / 繁花落尽处心未惹尘埃 / 花容为谁改芳名等谁猜 / 流年过一曲绕梁成天籁 / 只道痴心不改转眼花已成海 / 施粉黛长安倾尽三世爱 / 看我水袖轻舞舞出风华绝代 / 阑珊处一世梨花满头开 / 那年梨花依旧相思不及采摘 / 可释怀经年旧梦今仍在 / 总有千般风情却

万般无奈 / 多少泪生死谁慧眼看开 / 伊从长安来寻梦已千载 / 繁花落尽处心未惹尘埃……

在李玉刚动听的歌声中，我和南方又端起了一杯香醇透亮的红酒。

“Cheers！”

祝福南方，也祝福我。更祝福天下所有的女孩子都能够拥有如南方一样的成功。没有谁，在走向成功的时候，不遭遇挫折和艰辛，甚至是许许多多，数不胜数的苦难。

当有天，我们学会了拥抱生活，也获得了成功的时候，或许我们终会懂得：即使前路艰辛，也该咬着牙齿，坚定不移也义无反顾地走下去。那样坚定不移也义无反顾走下去的勇气，或许在更多的时候，只能由我们自己来给予自己。

嗨，姑娘，勇敢点，努力地向前，一直走下去，别说你不行！